献给渴望观星的你，希望本书能让你爱上星空。

作者简介

徐刚　　天文美术家、天文科普作家，致力于中西星座、星图研究与天文美术创作，希望通过绘画表现天文之美，传播天文知识。著有《星空帝国：中国古代星宿揭秘》、《小彗星旅行记》、《邮票上的天文学》等科普图书。先后荣获文津图书奖、吴大猷科学普及佳作奖、科普作家协会优秀科普作品银奖，作品入选教育部中小学阅读指导目录、"三个一百"原创图书出版工程等。

大闹星空

读西游 识星座

徐刚 ◎ 著/绘

人民邮电出版社

北 京

图书在版编目（CIP）数据

大闹星空：读西游 识星座 / 徐刚著、绘.

北京：人民邮电出版社, 2025. -- ISBN 978-7-115

-65360-4

I. P151-49

中国国家版本馆 CIP 数据核字第 202494RD06 号

内 容 提 要

现代国际通用星座体系起源于两河流域，数千年来，星座的演变体现了科学的发展与文化的交融。当今常见的星座形象主要为希腊神话的众神，而在本书中，作者独辟蹊径将现代星座与我国古典名著《西游记》相结合，为星座赋予了全新的形象，绘制了一幅"西游星空"。在这片星空中辉映的，不再是奥林匹斯众神与英雄，而是西游世界中令人难忘的一众神仙与妖魔。

本书以作者精心绘制的西游星座图像和故事为基础，以春夏秋冬四季星空为主体，详细介绍了星座的历史和观星、认星的基本常识。星座部分包括了星座辨认、经典星座神话与图像、西游星图与故事；书中还附有四季星空与每月星图，以便读者对照观星。无论是向往天文的观星者还是古典文化爱好者，都能从本书中获得独特的阅读体验。

◆ 著 / 绘 徐 刚

　　责任编辑 韩 松

　　责任印制 陈 犇

◆ 人民邮电出版社出版发行　　北京市丰台区成寿寺路 11 号

　　邮编 100164 电子邮件 315@ptpress.com.cn

　　网址 https://www.ptpress.com.cn

　　鑫艺佳利（天津）印刷有限公司印刷

◆ 开本：889×1194 1/16

　　印张：11 2025 年 1 月第 1 版

　　字数：112 千字 2025 年 1 月天津第 1 次印刷

定价：128.00 元

读者服务热线：(010)81055410 印装质量热线：(010)81055316

反盗版热线：(010)81055315

广告经营许可证：京东市监广登字 20170147 号

目 录

目 录

享受夜空很简单，日落后走出房门，抬头仰望即可。

别以为城市中没有星光，即使你身处北京的二环以里，在夜朗无月的晚上，只要避开刺眼的灯光，找一个相对黑暗的环境，让眼睛适应片刻，就能看到天狼、北斗、牛郎、织女这些明亮的星星。当然，若能逃离万家灯火的都市，我们就可以尽情享受如梦如幻的璀璨星光了。

不论年龄大小，对星空了解多少，你都可以试着去感受星空的绚丽与奇妙——皎洁的织女，曼妙的七姊妹（昴星团），寒光凛冽的天狼。即使对星座一无所知，也不妨如孩童般在脑海中将群星勾连，大胆创造属于自己的星座。几千年前人类的祖先便是如此，才有了今天的星座。

如果你了解一些星座故事，无论东方还是西方，与亲朋好友分享，会让你的观星之旅乐趣倍增。如果你还掌握现代天文知识或者懂得如何通过星空辨别方向，确定时间和季节，那就更是锦上添花了。

学点星座知识，提升观星体验，何乐而不为？诸如掌握寻找星座的技巧，了解古老的星座神话，还有前人理解的星座图像，等等。实际上，天文学家对星座的规范仅限于标准名称和边界，我们仍然有很多发挥想象力的空间，可以自由地构建星星之间的连线和个性化的图像。例如鲸鱼座被古希腊人想象为长着狼头和兽爪的海怪，而今天人们更喜欢将其描绘成一头真正的鲸。本书特别绘制了一套取材于古典文学名著《西游记》的星座图像，希望为你的观星之旅增添更多乐趣，也许这将成为你爱上星空、爱上天文的起点。

来吧，认识星座并非一件难事，人人皆可做到。不需要掌握高深的数学和物理知识，也无需昂贵的望远镜，你要做的只是保持愉悦的心情和对星空的好奇心。这本小书就是为没有任何天文知识、没有任何观星经历的读者准备的，是一本老少皆宜、简单实用的认星手册。

祝你观星愉快！

徐　刚

2024 年 7 月于北京

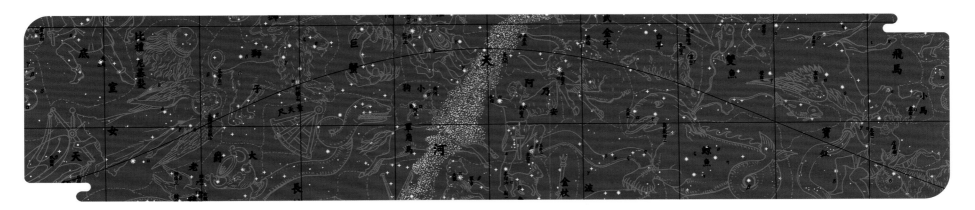

数千年前，世界各地的先民不约而同地仰望星空，将群星勾连成一个个他们熟悉的图案，并为之命名，这就是星座的雏形。

中国古人设立了283个星座，并将其划分为三垣二十八宿。这些星座大部分是以我们熟悉的王侯将相、军卒百姓、日常器物、建筑设施等命名的，在天上重现了一个大一统的中国社会。道教神仙体系深受其影响，道观壁画中就有很多星座出身的神仙。在我们熟悉的神魔小说《西游记》中，玉皇大帝统治的天庭也有一众星座神，比如斗牛宫中的二十八宿，代表性的亢金龙、奎木狼、昴日鸡等，五斗星君、武曲星、文曲星、寿星、禄星都有星座原型；天蓬元帅与北斗相关，就连玉皇大帝本人也是古人北极星崇拜的产物。

今天的国际通用星座与此不同，它起源于6000年前的美索不达米亚地区，经过古希腊人的发展和完善，一直流传至今。88个星座中，有一多半与希腊神话相关，勾画出一个奥林匹斯众神统御的世界。其中十二个黄道星座为国人所熟知，你可能以为它们在中国的兴起不过是近三四十年的事情，但实际上它们的出现可追溯至隋代或更早，那时与黄道星座关系密切的黄道十二宫以及一些古代巴比伦、印度和希腊的天文学知识就已经随佛经传入中国。

说起佛经，《西游记》叙述的唐僧西天取经故事你一定不会陌生。唐僧师徒不畏艰险，历经磨难，终于取回"三藏真经"。这三藏真经据如来自己说："我有《法》一藏，谈天；《论》一藏，说地；《经》一藏，度鬼。三藏共计三十五部，该一万五千一百四十四卷，乃是修真之径，正善之门。"三藏中竟有一藏专门谈天，想来这里面天文知识不在少数。真实历史中，玄奘返回长安后主持译经工作，经他主持翻译的佛经有74部1335卷，其中《瑜伽师地论》《阿毗达摩大毗婆沙论》《阿毗达摩俱舍论》都涉及一些印度古代天文知识。

当我们在《西游记》的世界中跟随孙悟空斩妖除魔时，不妨设想在《西游记》的平行宇宙中，唐僧师徒取回的真经中有一部涉及西方星座知识；当它被翻译成中文后，那些西方神怪引起了时人的广泛关注，在东土大唐传播开来，并逐渐本土化。到了明代吴承恩写《西游记》时，为纪念唐僧师徒西行求法的贡献，他将这些星座形象对应于唐僧师徒西行中的人和物，称为"西天星座"。随着《西游记》的广泛传播，这些新的星座形象也被人们所接受并不断完善，终成今日之"东土星座"。

本书以古典名著《西游记》为切入点，在向大家介绍星座知识的同时，顺着上述"脑洞"，利用"西游记"星座图像帮助读者学习和认识国际通用星座，在带给大家乐趣的同时，激发我们对星空的热爱，唤起探索宇宙的热情。

来吧，让我们一起跟随西游取经团队，揭开星座的奥秘吧！

双鱼

飞马

小马

海豚

鲸鱼

天鹰

天箭

白羊

狐狸

仙女

三角

蝎虎

金牛

天鹅

仙后

英仙

巨蛇

天琴

仙王

猎户

蛇夫

天龙

小熊

鹿豹

御夫

武仙

天猫

双子

麒麟

北冕

大熊

巨蛇

牧夫

猎犬

小狮

小犬

獅子

巨蟹

后发

长蛇

室女

极目苍穹

第一篇

地球北极点可见星空

无限星空

太阳隐去，夜幕缓缓拉开，群星登上苍穹舞台。数千年前，古人面对这片杂乱无章的星空，将其中的亮星勾连起来，想象成他们熟悉的事物或崇拜的神灵，这就是最早的星座。它们是人类认识星空的钥匙，通向宇宙的大门由此开启。借助星座，人们发现了寒来暑往四季更替；掌握了日月与行星的运行规律；记录下了异常天象发生的位置，并由此占卜吉凶祸福。

今天的星空与古人所见几乎没有区别，只是城市的万家灯火使大家觉得星座正在远离我们的生活。但有些人依然迷信星座会影响他们的命运；天文学家仍然使用星座来划分天区和命名天体；星斗阑干仍然是激发我们遐想与触动我们好奇的源泉。建议大家找个合适的地方去仰望夜空中闪烁的点点繁星，当星光穿越亿万年时间和你无法想象的遥远距离抵达我们眼中时，是多么富有诗意又充满震撼啊！

仰望星空让我们能够与古人对话，并唤起我们对未来的憧憬。仰望星空能够激发我们探索宇宙的动力，学习天文的第一课就从认识星座开始吧。

穹庐之下

置身旷野，我们会有"天似穹庐，笼盖四野"的感觉，星星仿佛镶嵌在穹庐上，并随着它一起悄无声息地运转。古人由此得出"天圆地方"的结论，后来"浑天说"进一步认为，天是包裹在大地之外的巨大球体。古希腊人也同样认为天空是由一系列水晶球嵌套而成。今天我们知道这些古老观点都是错误的，我们脚下的大地是一个球体，日月星辰每天东升西落，其实是地球自西向东自转导致的错觉。地球并非宇宙中心，也不存在"天球"这样的构造，古人认为的"天"是宇宙的一部分，宇宙深邃无边，至今我们仍无法洞悉它的全貌。

虽然包裹地球的球形天空并不存在，但"天球"的概念仍有一定意义。它符合人们对天空的直观认识，为确定天体方位提供了一种可行的方法。我们可以将天球想象成一个包裹着地球距离我们无限远的球体。天球的球心与地球重合，地球自转轴的南北两极无限延伸与天球相交的点就是天球的南北两极，称为北天极和南天极。地球的赤道延伸出去与天球相交就是天赤道，它将天球平分为南北两个半球。

星座的本质就是投影到这个假想天球上位置相近的恒星组合。位于同一个星座内的恒星，实际距离可能相差很远，只是偶尔投影到天球的同一区域而已。

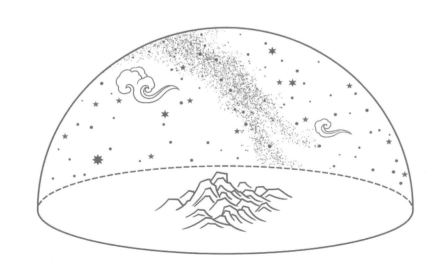

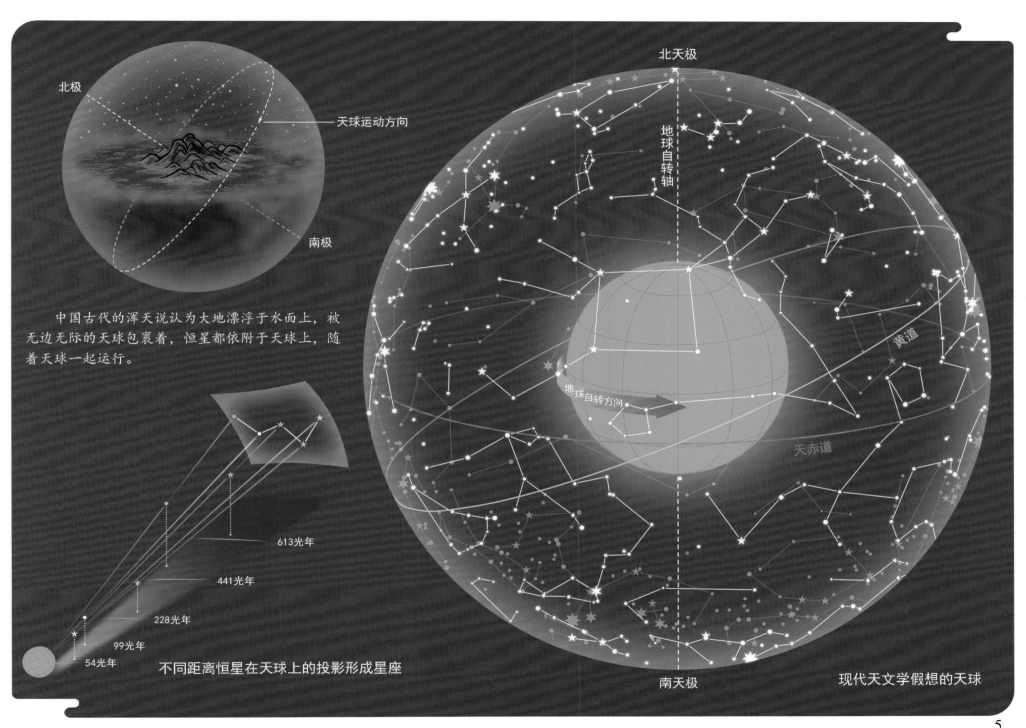

北极

北天极

天球运动方向

南极

地球自转轴

中国古代的浑天说认为大地漂浮于水面上，被无边无际的天球包裹着，恒星都依附于天球上，随着天球一起运行。

黄道

地球自转方向

天赤道

613光年

441光年

228光年

99光年

54光年

不同距离恒星在天球上的投影形成星座

南天极

现代天文学假想的天球

斗转星移

如果你注意观察就会发现，随着时间流逝，星星在夜空中缓慢移动，东方地平线上不断有星星升起，西边的星辰渐渐没入地下。如同太阳东升西落一样，这其实是地球由西向东自转的结果。地球23小时56分自转一周，差不多每小时旋转15°，反映在天球上则是星星每小时由东向西转动15°，我们在观星时就会发现，日落后从东方升起的星星，子夜时已经位于正南，日出时即将落入西方。

地球在自转的同时还在自西向东绕太阳公转，这使得自转一周后，同一颗遥远的恒星又出现在我们头顶，但地球还需要再转1°太阳才能再次正对我们，这就是地球自转周期23小时56分与一昼夜24小时的区别。反映在星空中就是星星每天比前一天提前约4分钟升起，一个月提前2小时，或者说每天同一时间星星比前一天向西偏转1°，一个月偏转30°。如果某颗星星1月初21点升起，那么2月初19点它就已经升起，21点已经比原来偏西30°了，所以不同月份相同时间我们看到的星空不同。斗转星移、参商永隔，伴随着夜空舞台主角的变换，大地上也经历着寒来暑往的交替，我们所说的春夏秋冬四季星空是指每个季节黄昏后的星空。

夜晚我们能看到的星座还与我们在地球上的位置有关。中国人家喻户晓的北斗七星，在新西兰却永远无法看到，相反，南半球居民耳熟能详的南十字座在中国大部分地区从不会升起。对北半球来说，越往北走，北极星高度越高；越靠近赤道，北极星越低，而南方可以看到的星星却越多。

对于身处南北两极的观星者而言，天极位于头顶正上方，地平线与天赤道重合，随着地球的自转，星星日复一日地沿着与地平线平行的方向在天上打转，不升也不落，我们永远只能看到半个天球的星星。如果置身赤道，我们会发现南北两个天极躺在地平线两端，天赤道从头顶上方经过，星星从地平线东边垂直升起，沿着与天赤道平行的轨迹运行，然后垂直落入西方，随着地球自转，我们可以将整个天球尽收眼底。介于赤道与两极之间的观测者会发现，天极附近的星星绕着天极一圈又一圈旋转，却始终位于地平线以上不会落下，这个区域称为拱极星区。当然，在另一个天极附近的星星却总位于地平线以下，永远不会升起。位于这两个区域之间的恒星，则做着东升西落的运动。

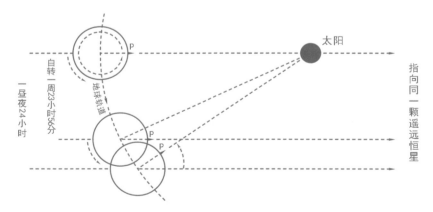

★ 地球上一昼夜为24小时，但恒星相继两次通过地球上同一地点上空的时间要短大约4分钟。

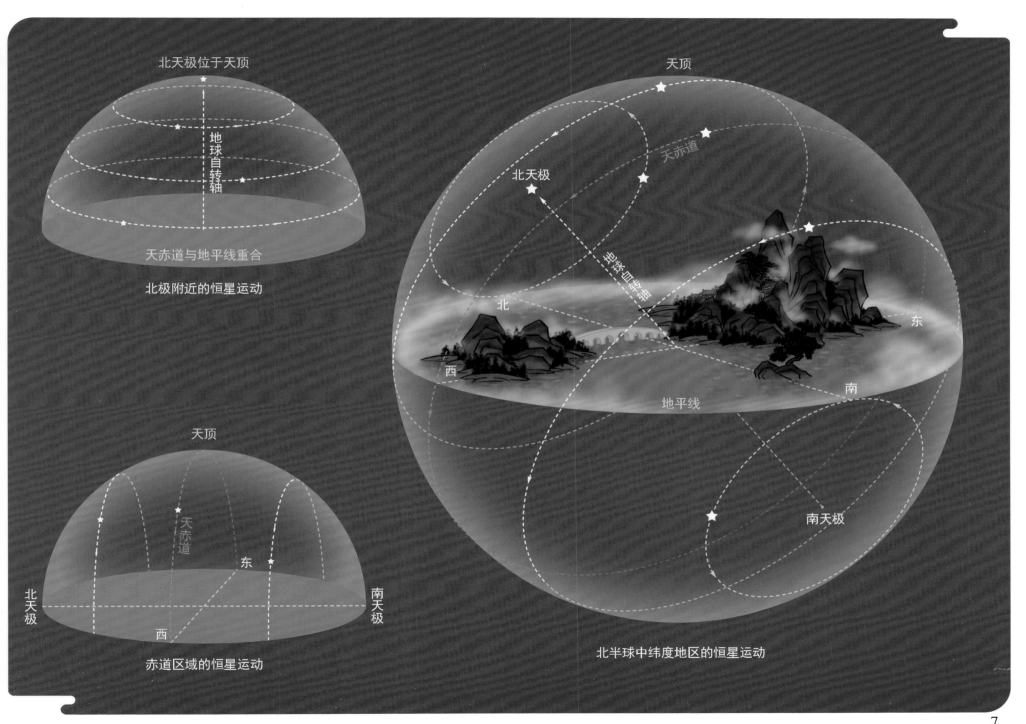

北天极位于天顶

地球自转轴

天赤道与地平线重合

北极附近的恒星运动

天顶

天赤道

东

西

北天极

南天极

赤道区域的恒星运动

天顶

天赤道

北天极

地球自转轴

北

西

东

南

地平线

南天极

北半球中纬度地区的恒星运动

恒星与行星

地球的夜空中我们肉眼可见的星星绝大多数都是"恒星"，今天我们知道恒星是由气体组成的巨大球体，每一颗恒星就是一个遥远的太阳，它们和我们之间的距离需要用光年计算，1 光年就是光在真空中传播一年所经过的距离，相当于 9.46 万亿千米。恒星的相对位置看上去总保持不变，犹如镶嵌在天球上一般，随着天球自东向西旋转。但恒星并非真的纹丝不动，它们实际上每时每刻都在高速运动，只是离我们过于遥远，肉眼无法察觉他们的运动。即使上千年的时间，它们的位置变化也是微乎其微，我们今天看到的星空与三四千年前古人看到的几乎相同。

如果你常常仰望星空，会发现有几颗非常明亮的星星，它们在恒星间缓慢穿行，通常情况下这就是"行星"。它们是地球的兄弟姊妹，都围绕着太阳运行。肉眼可见的行星只有 5 颗。水星和金星出现在日落后的西方或日出前的东方，金星十分明亮，通常霞光中最显眼的星

星就是它，水星相对较暗且位置很低，不易观测，火星拥有明显的红色光芒，木星为蓝白色，多数情况下是仅次于金星的第二亮星，土星呈淡黄色，移动缓慢。观测行星并非本书重点，书中的星图也不会涉及行星，如果你想学习分辨行星，目前最好的办法是在手机上安装一款观星软件，一般都会有当前时刻行星位置的信息。

黄道

太阳照亮了天空，让我们无法在白天观察太阳在恒星间的位置，但通过观察日出前或日落后的星空，我们能够发现太阳在恒星间从西向东缓慢穿行，一年正好转一圈，古人称太阳运行的这条路径为"黄道"。月亮和行星也都在黄道附近运行，如果你在黄道附近发现一颗星图上没有的亮星，那很可能是一颗行星。今天我们知道，太阳在天球上沿黄道运行，其实是地球绕太阳公转的反映。

天文学家将黄道等分为 12 段，每段 30°。并用黄道穿过的星座来命名它们，这就是黄道十二宫，分别为白羊宫、金牛宫、双子宫、巨蟹宫、狮子宫、室女宫、天秤宫、天蝎宫、人马宫、摩羯宫、宝瓶宫和双鱼宫。

人们所说的生日星座，其实是指你生日时太阳位于黄道十二宫中的哪一宫，并非太阳实际所在的星座。黄道星座与黄道十二宫是不同的概念，它们也并不重合，宫是等分的，而每个星座占据的黄道长度却是不等的，最长的室女座有 44°，最短的天蝎座仅 7°，而且如今跨越黄道的星座除与十二宫对应的星座外，还有一个不守规矩的蛇夫，悄悄地将一只脚从黄道北面伸到南边，这就是黄道 13 星座——蛇夫座，它占据了 17° 的黄道长度。

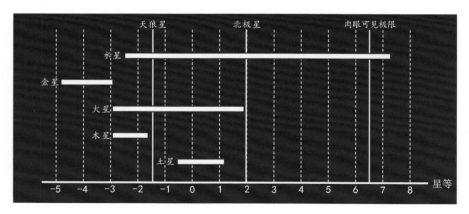

★ 行星的亮度变化范围及与恒星对比。

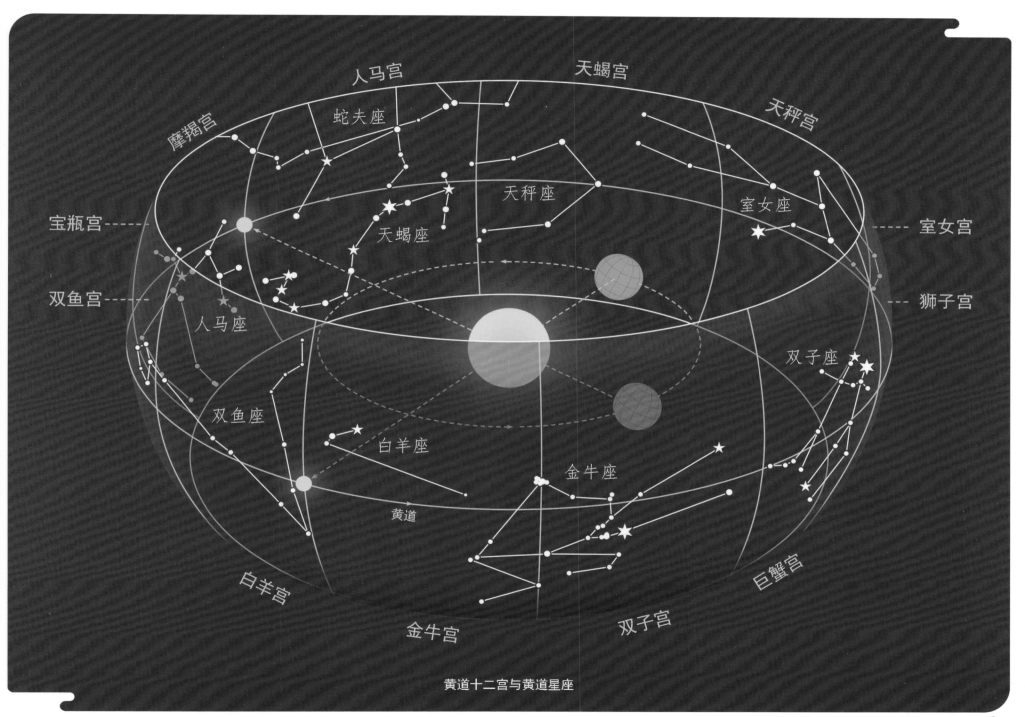

黄道十二宫与黄道星座

星星的亮度

星星的亮度永远是观星者最关注的指标，为了区分它们的亮度，公元前 2 世纪，古希腊天文学家喜帕恰斯将肉眼可见的星星划分为 6 个等级，最亮的为 1 等，最暗的为 6 等。后来人们规定标准的 1 等星比 6 等星亮 100 倍，星等每相差一个等级，亮度就相差 2.512 倍。根据这一原则，人们将星等进一步细分，用小数更精确地区分亮度的高低。当初喜帕恰斯指定的某些 1 等星太亮了，它们现在被定义为 0 等星，那些更亮的则用负数表示，如天狼星为 −1.46 等。如今使用望远镜观测到的众多暗弱天体早已突破 6.5 等星的肉眼极限，哈勃空间望远镜已经能够分辨出暗至 30 等的天体。

本书配套星图中，我们将小于 0.50 等的星作为 0 等星；0.50 至 1.49 等之间的作为 1 等星；1.50 至 2.49 等之间作为 2 等星，依次类推，并用不同大小和形状的符号表示。

本书主要几种星图的图例如下：

	0等	1等	2等	3等	4等	5等
初识星空部分星图：	✴	★	●	●	●	·
经典星座图像：	✴	★	★	·	·	·
西游天宫星图：	✴	✦	✦	★	★	·
四季星空星图：	✴	✦	✦	★	●	·

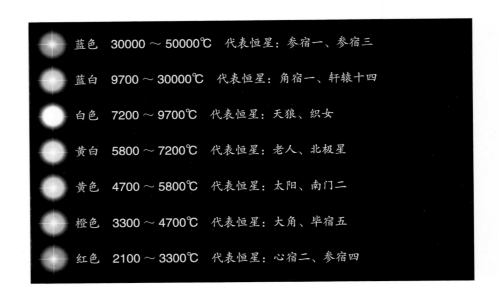

颜色	温度	代表恒星
蓝色	30000～50000℃	代表恒星：参宿一、参宿三
蓝白	9700～30000℃	代表恒星：角宿一、轩辕十四
白色	7200～9700℃	代表恒星：天狼、织女
黄白	5800～7200℃	代表恒星：老人、北极星
黄色	4700～5800℃	代表恒星：太阳、南门二
橙色	3300～4700℃	代表恒星：大角、毕宿五
红色	2100～3300℃	代表恒星：心宿二、参宿四

恒星的颜色

初识星空者可能认为星星都是银白色的，但如果你有机会在晴朗通透的夜空下仔细观察一段时间，不难发现恒星的颜色并不相同，白色、蓝色、黄色、红色都有。当不同颜色的恒星同时出现在你的视野中时，这种颜色差异就越发明显。

对于观星者来说，不同颜色恒星装点的夜空特别美妙，但对于天文学家来说，不同的颜色透露出遥远恒星物理性质的不同。就像火焰的颜色会随温度变化一样，恒星的颜色也取决于它们表面温度的高低。蓝色恒星最热，它们的表面温度可超过 3 万摄氏度，其次是白色、黄色、橙色和红色，红色恒星表面温度最低，只有 3000 摄氏度左右。

星图说明

我们到陌生城市旅行会用到各种地图 App，如果你希望熟悉星空，在天上的街市闲庭信步，就需要借助星图了。现就本书后面章节及附录中出现的几种星图作简要说明，以方便读者使用。

初识星空部分有两种星图，一种为圆形，是特定时刻天顶（站立时头顶正上方）附近的星空。观测时将图举起，使图上标注方位与实际方位对应，即可对照认星。另一种是标注时间正南或正北附近的星空，图的顶点为天顶，底边为地平线。使用时面向南方或北方站好，将图举起便可观星。两种图都包括 4 等及更亮的恒星和部分 5 等星，银河用浅色带表示。

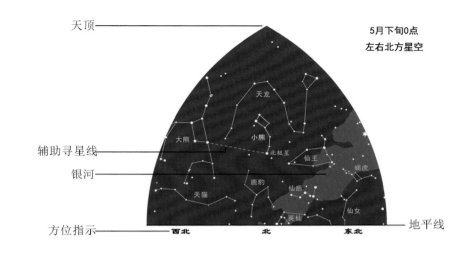

5月下旬0点
左右北方星空

天顶

辅助寻星线

银河

方位指示

西北　北　东北

地平线

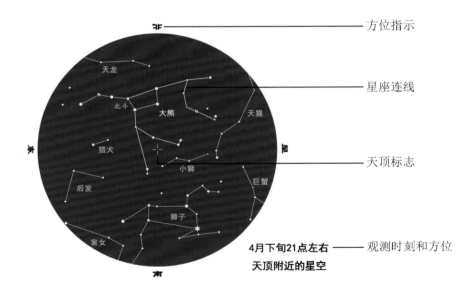

北 ——— 方位指示

星座连线

天顶标志

4月下旬21点左右 ——— 观测时刻和方位
天顶附近的星空

这些图最适合的观测地点为北京及北纬 40° 附近区域，但中国大部分地区仍可使用，如果你在北京以南，看到的北极星会低一些，南方地平线上会有更多南天星座。反之如果你身处更北，北极星会更高，而南方的一些星星将不会出现在地平线上。

我们已经知道恒星每天比前一天提前约 4 分钟升起，一个月提前 2 小时。所以这些星图的使用并不限于图上标注时间，1 月上旬 21 点的星图，你还可以在 12 月上旬 23 点、2 月上旬 19 点，以及 1 月中、下旬 20 点或 12 月中、下旬 22 点左右使用它。

显然，图中星点之间的连线在真实星空中并不存在，但它们对辨认星座、理解星座图像非常有用。有一点必须清楚，没有标准的星座连线，我们可以根据自己对星座的理解来勾连恒星。你会发现本书西游天宫部分使用了与其他部分略有不同的连线，其中一些是为适配西游星座图像而专门设计的。

经典星座图像部分的人物和动物形象，由笔者依据十七至十九世纪欧洲星图中的典型形象绘制。星座图像从古至今一直在发展变化，不同民族、不同时代都有独具特色的星座图像。本书选用的星座图像大多延续至今，体现了自文艺复兴以来人们对星座的想象。

"西游天宫"因星座图像源于古代文学名著《西游记》而得名。它是描绘天球上局部区域的星图，包含天区内所有 5.5 等以上的恒星。部分标注了希腊字母编号，它由德国业余天文学家拜尔首先采用。个别亮星旁还有星等和中国星名。图中虚线为国际天文学联合会划定的星座边界。请记住，现代星座并非只包括星座连线串联起的那些恒星，它是天球上的特定区域，星座边界内所有恒星和天体都属于这个星座。

星座边界
拜尔编号
中国星名及星等

狮子
巨爵
乌鸦
后发
室女
γ
ε
长蛇
α
角宿一 0.98等
ζ
牧夫
天秤

希腊小写字母及英文、中文注音

α	alpha	阿尔法	ι	iota	约塔	ρ	rho	柔
β	beta	贝塔	κ	kappa	卡帕	σ	sigma	西格马
γ	gamma	伽马	λ	lambda	拉姆达	τ	tau	陶
δ	delta	德尔塔	μ	mu	谬	υ	upsilon	宇普西隆
ε	epsilon	艾普西隆	ν	nu	纽	φ	Phi	斐
ζ	zeta	泽塔	ξ	xi	克西	χ	chi	希
η	eta	伊塔	o	omicron	奥米克戎	ψ	psi	普西
θ	theta	西塔	π	pi	派	ω	omega	奥米伽

星图中两颗星看起来叠加在一起，但在真实夜空中它们只是距离很近，并不会发生重叠。这是因为星图为了便于使用和表示不同亮度的恒星，用大小不同的圆形或星形图案来区分它们，将点扩大成了面。

附录十二月星图，每月两幅，一幅北天，一幅南天，两幅图覆盖可观测的全部星空。观星时面朝北站立用北天星图，面朝南站立用南天星图。除了可在图中标注节气前后使用外，也可在其他节气使用，每提前一个节气延后 1 小时，推迟一个节气则提前 1 小时。

1 月 星 空

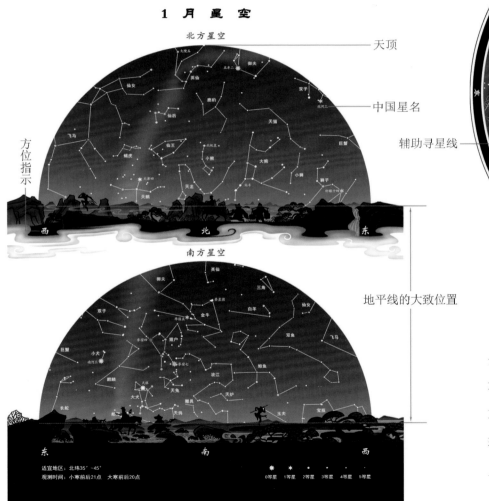

北方星空

天顶

中国星名

辅助寻星线

方位指示

西　北　东

南方星空

地平线的大致位置

东　南　西

适宜地区：北纬35°-45°
观测时间：小寒前后21点　大寒前后20点

0等星　1等星　2等星　3等星　4等星　5等星

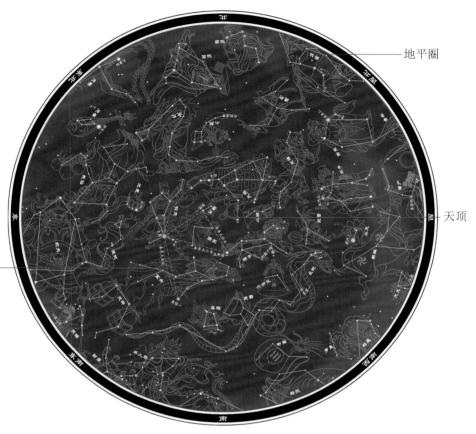

地平圈

天顶

　　四季星空部分每章首页的星图，为北纬 35° 区域特定季节可见的全部星空，可满足我国大部分观测者使用。圆圈代表地平圈，上面标有东西南北方向，图中心为观测者的天顶。想要观测北方星空时，面朝北方，将星图竖起，标注北的那条边朝下。观测南方星空时，只需转向南方，将南侧边朝下即可。当然我们也可以将图持于头顶，使图上标注的南北方向与实际方向一致，便可按图索骥，辨认全天各个星座了。

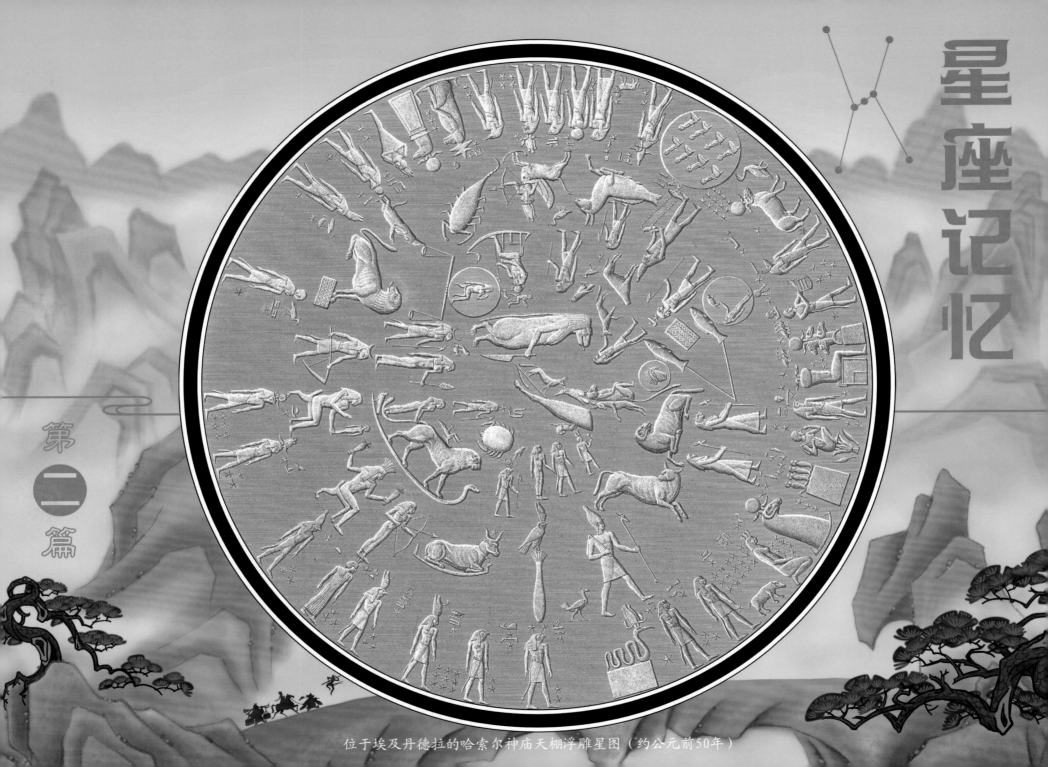

位于埃及丹德拉的哈索尔神庙天棚浮雕星图（约公元前50年）

西方星座简史

今天国际通用星座的源头可追溯至 6000 年前的美索不达米亚地区，生活在那里的苏美尔人、亚述人、巴比伦人凭借非凡的想象力将一颗颗恒星勾连成他们心目中伟大的神灵与奇异的怪兽，由此诞生了最早的科学——天文学。在反映公元前 1000 年或更早星象的文献《穆拉品》（又称《犁星》）中，金牛、双子、巨蟹、狮子、天蝎、摩羯、长蛇、乌鸦等现代星座的雏形已经出现。

包括黄道星座在内的部分美索不达米亚星座被古希腊人接受，他们将这些星座与本民族的神话故事融合，为我们塑造了一个奥林匹斯诸神统御的星空世界。约公元 150 年，生活在埃及亚历山大城的希腊裔天文学家托勒密在他的著作《天文学大成》中，将 1022 颗恒星归入 48 个星座，后世称其为"托勒密星座"。

黄道以北 21 个星座：小熊座、大熊座、天龙座、仙王座、牧夫座、北冕座、武仙座、天琴座、天鹅座、仙后座、英仙座、御夫座、蛇夫座、巨蛇座、天箭座、天鹰座、海豚座、小马座、飞马座、仙女座、三角座。

黄道星座 12 个：白羊座、金牛座、双子座、巨蟹座、狮子座、室女座、天秤座、天蝎座、人马座、摩羯座、宝瓶座、双鱼座。

黄道以南 15 个星座：鲸鱼座、猎户座、波江座、天兔座、大犬座、小犬座、南船座、长蛇座、巨爵座、乌鸦座、半人马座、豺狼座、天坛座、南冕座和南鱼座。

中世纪，欧洲科学的发展几近停滞，伊斯兰学者扛起了天文研究的大旗。拉赫曼·苏菲的《恒星之书》继承了托勒密 48 星座，并为每个星座配了两幅星图，一幅是地球上看到的正常状态，一幅为天球外看到的镜像图（这是为制作天球仪准备的）。虽然苏菲是波斯人，但《恒星之书》用阿拉伯语写成，书中他为很多亮星起了名字，如 Altair（意为飞翔的鹰，中文名河鼓二）、Deneb（意为母鸡的尾巴，中文名天津四）等一直沿用至今，这就是恒星的专用名大多来源于阿拉伯语的原因。

★　1516 年阿拉伯语《恒星之书》抄本中互为镜像的两个天龙座图像，龙的形象明显受中国文化影响（法国国家图书馆藏）。

尼尼微的夜空

公元前1000年前后的美索不达米亚星空
北纬36°附近

夏季星空

冬季星空

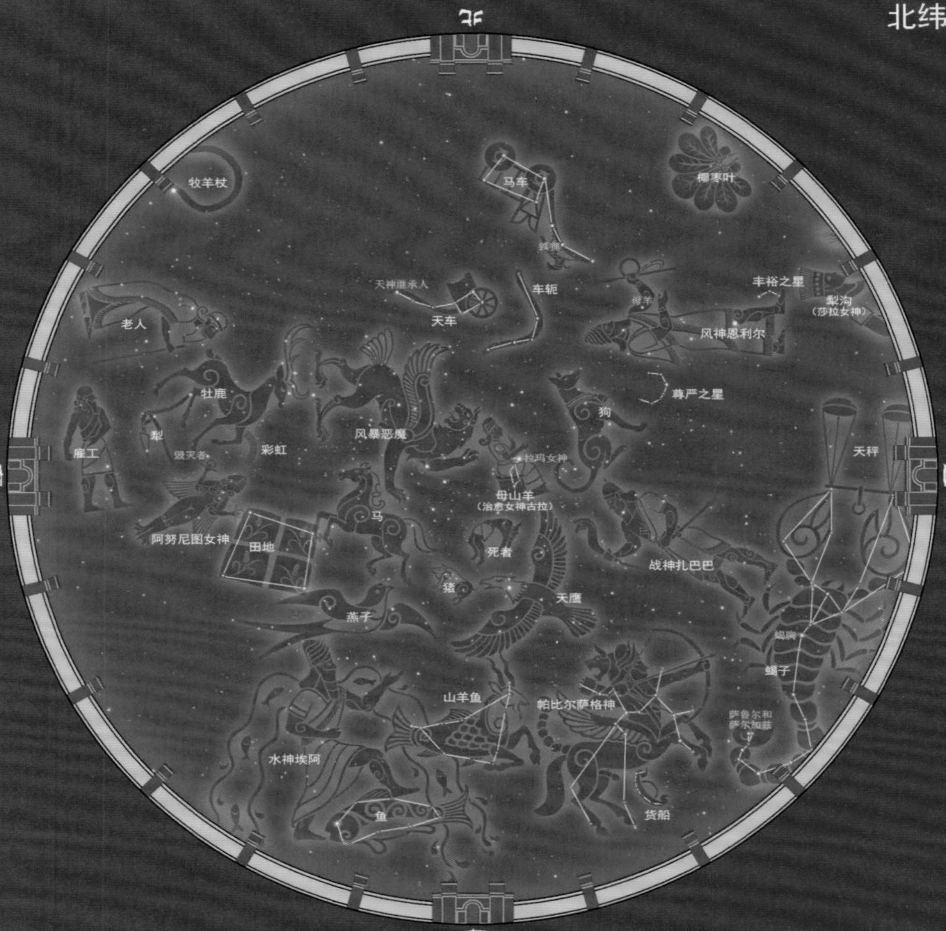

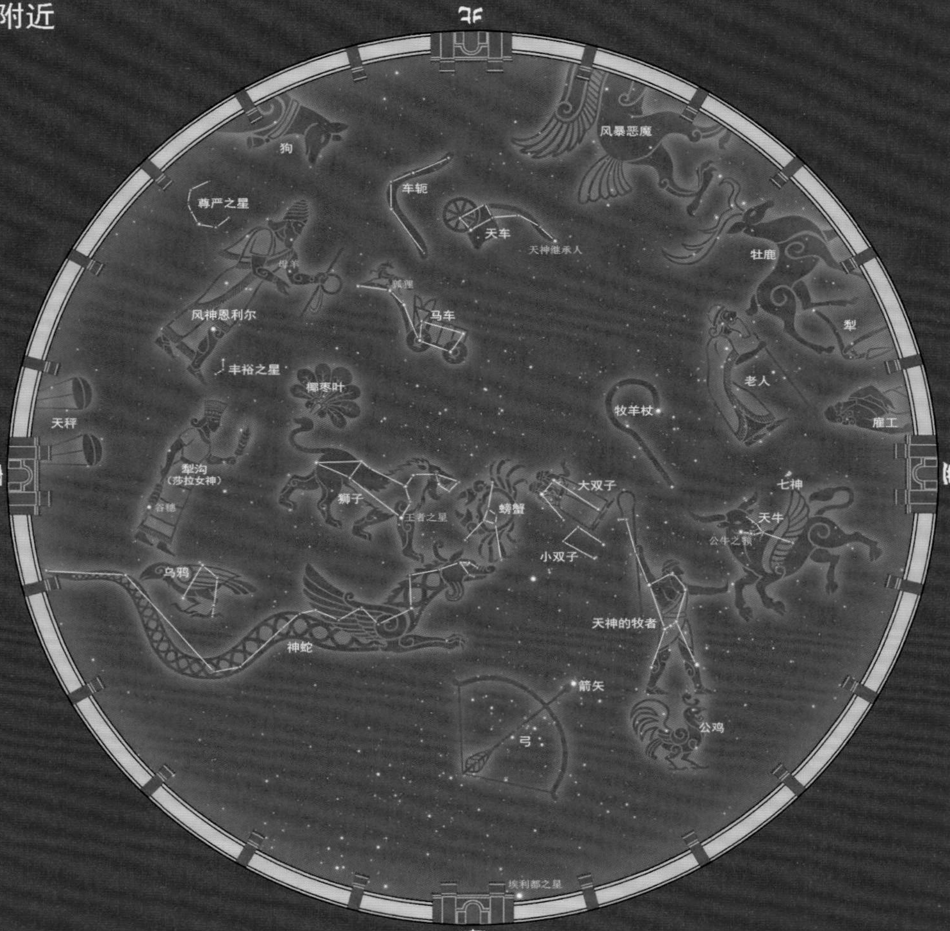

★ 图中星座依据《穆拉品》绘制。《穆拉品》是古代美索不达米亚最重要的天文文献，已发现的最早版本制作于公元前686年，目前大多数学者认为其反映的星象可追溯到公元前1000年或更早。

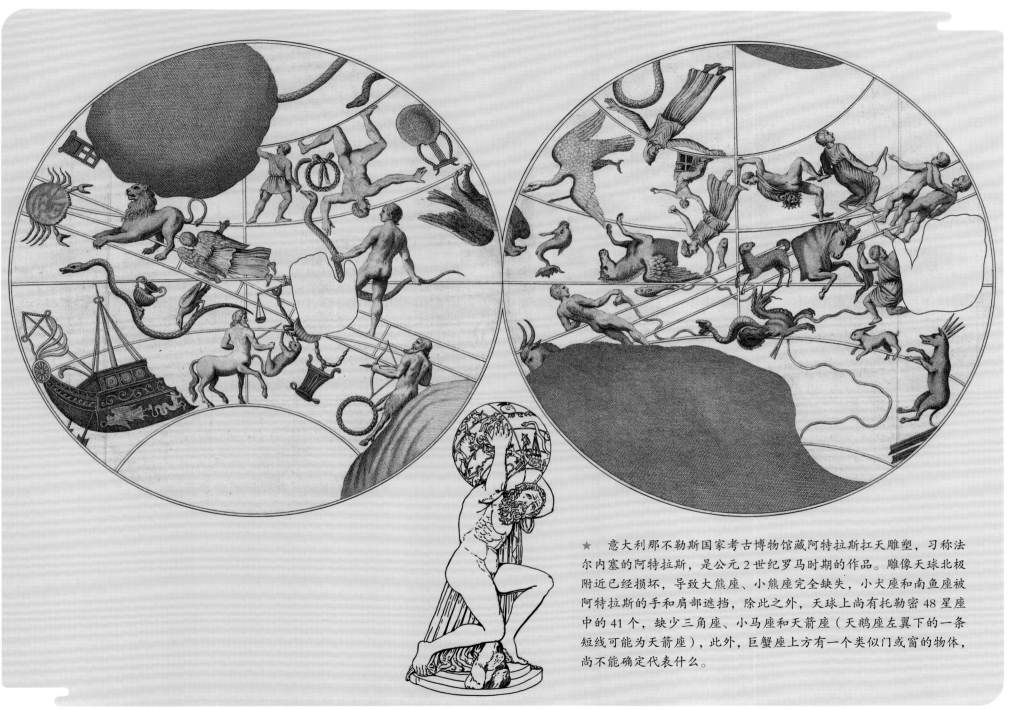

★ 意大利那不勒斯国家考古博物馆藏阿特拉斯扛天雕塑，习称法尔内塞的阿特拉斯，是公元 2 世纪罗马时期的作品。雕像天球北极附近已经损坏，导致大熊座、小熊座完全缺失，小犬座和南鱼座被阿特拉斯的手和肩部遮挡，除此之外，天球上尚有托勒密 48 星座中的 41 个，缺少三角座、小马座和天箭座（天鹅座左翼下的一条短线可能为天箭座），此外，巨蟹座上方有一个类似门或窗的物体，尚不能确定代表什么。

伊斯兰天球图

黄道北图

黄道南图

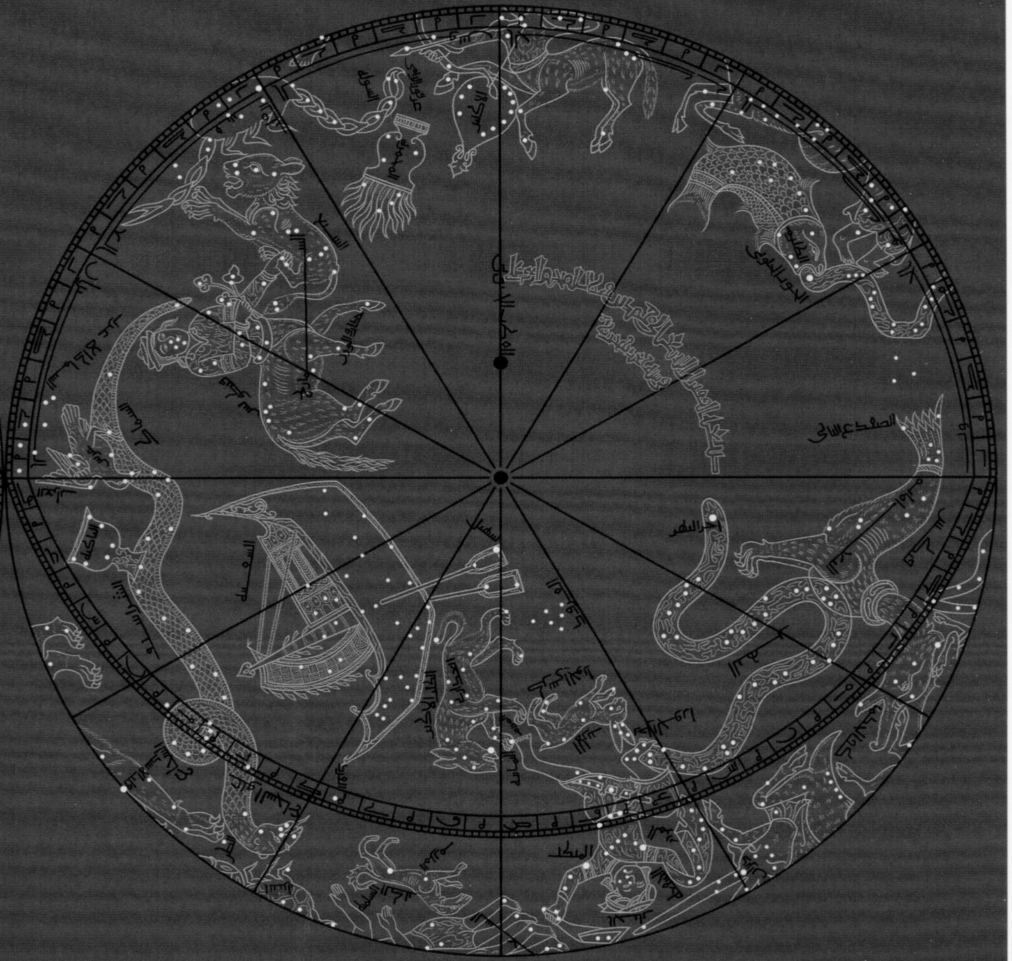

★ 公元1275或1276年在伊拉克摩苏尔制作的伊斯兰天球仪展开图,铜制仪面上刻画着托勒密48星座,但星座图像完全是阿拉伯风格。

18

文艺复兴使欧洲再次成为世界天文学的中心，此时的天文学家和制图师热衷于创造新星座来填补托勒密留下的空白天区。1536年，德国数学家及制图师卡斯帕·沃佩尔将原本属于狮子座一部分的后发星群独立出来，设立后发座。荷兰天文学家、制图师彼得鲁斯·普兰修斯于1589至1613年制作的天球仪上先后列出了天鸽、南十字、鹿豹和麒麟等星座。

大航海时代，欧洲人跨越赤道抵达南半球，过去不为人知的群星展现在他们面前。1595至1597年，荷兰人皮特·凯泽与弗雷德里克·豪特曼在前往东印度群岛探险期间，对南天恒星进行了测量。后来据此设立了12个南天星座，它们是天燕座、蝘蜓座、剑鱼座、天鹤座、水蛇座、印第安座、苍蝇座、孔雀座、凤凰座、南三角座、杜鹃座和飞鱼座，后人称为航海十二星座。

波兰天文学家约翰内斯·赫维留的恒星测量达到了人类肉眼观测极限。1690年，在他去世后出版的星图集中，出现了赫维留创立的10个星座，其中猎犬座、蝎虎座、小狮座、天猫座、盾牌座、六分仪座、狐狸座等7个保留至今。

1751年，法国天文学家拉卡伊来到南非好望角，在不到两年时间里，这位工作狂精确测量了近1万颗南天恒星。1756年拉卡伊南天星图正式公布，这幅星图包含14个新星座，与航海家以动物命名星座不同，拉卡伊星座多以当时自然科学和艺术领域的新发明命名，它们包括唧筒座、雕具座、圆规座、天炉座、时钟座、山案座、显微镜座、矩尺座、南极座、绘架座、罗盘座、网罟（gǔ）座、玉夫座、望远镜座。此外，因为托勒密的南船座过于巨大，拉卡伊将其拆分为船底座、船尾座、船帆座三个独立星座。

17至19世纪，还有很多人参与到设立星座的"星球大战"中，比如我们熟悉的哈雷彗星发现者英国天文学家哈雷，为讨好英王查理二世就称曾创造过一个"查理橡树座"。19世纪初各种星座的数目已经膨胀到150多个，这些形形色色的新星座将星空搅成了一锅粥。为改变这种混乱局面，1922年刚刚成立的国际天文学联合会，第一次会议就做出决定，将无人使用和带有明显政治色彩的星座统统删除，确立了今天国际通用的88个星座。"星球大战"尘埃落定，普兰修斯、凯泽、豪特曼、赫维留、拉卡伊成为胜利者。

赫维留星图中的安提诺乌斯座

★ 美男子安提诺乌斯深得古罗马皇帝哈德良的喜爱，公元130年，他在陪同皇帝巡游埃及时不幸溺亡，年仅15岁，为了纪念安提诺乌斯，哈德良命人设立一个星座来纪念他。在托勒密的《天文学大成》中天鹰座内有6颗恒星并没有参与构成鹰的图像，它们被称为"安提诺乌斯"。1536年，在卡斯帕·沃佩尔制作的天球仪上首次出现了安提诺乌斯的形象，此后众多天文学家都将他视为一个独立星座，直到1922年被废止。

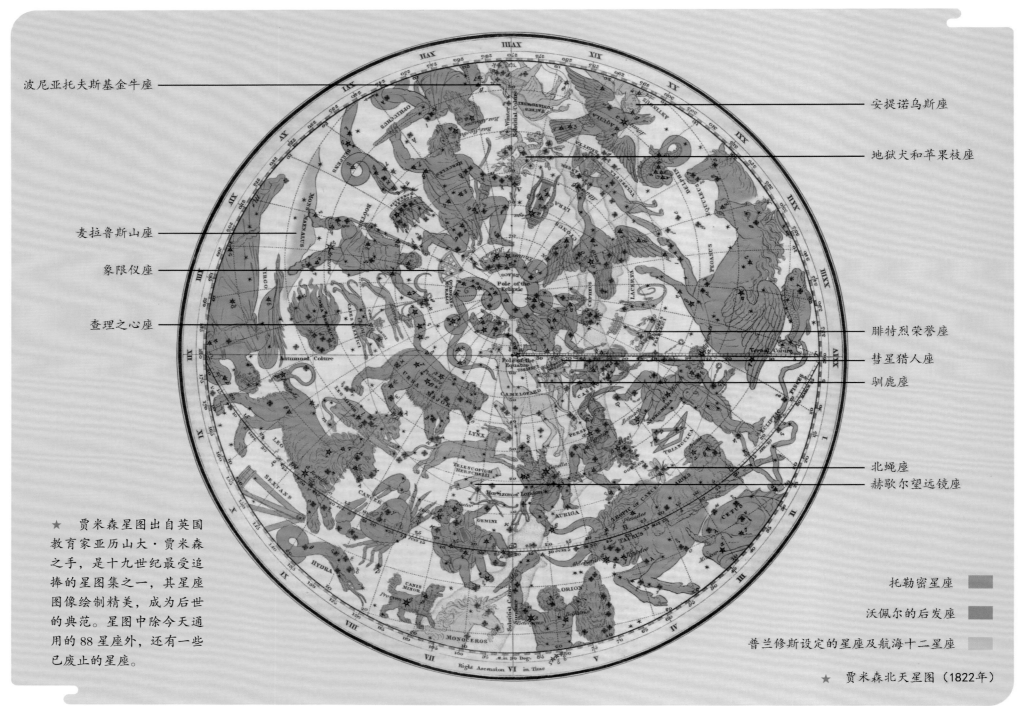

波尼亚托夫斯基金牛座

麦拉鲁斯山座

象限仪座

查理之心座

安提诺乌斯座

地狱犬和苹果枝座

腓特烈荣誉座

彗星猎人座

驯鹿座

北蝇座

赫歇尔望远镜座

★ 贾米森星图出自英国教育家亚历山大·贾米森之手，是十九世纪最受追捧的星图集之一，其星座图像绘制精美，成为后世的典范。星图中除今天通用的 88 星座外，还有一些已废止的星座。

托勒密星座

沃佩尔的后发座

普兰修斯设定的星座及航海十二星座

★ 贾米森北天星图（1822年）

20

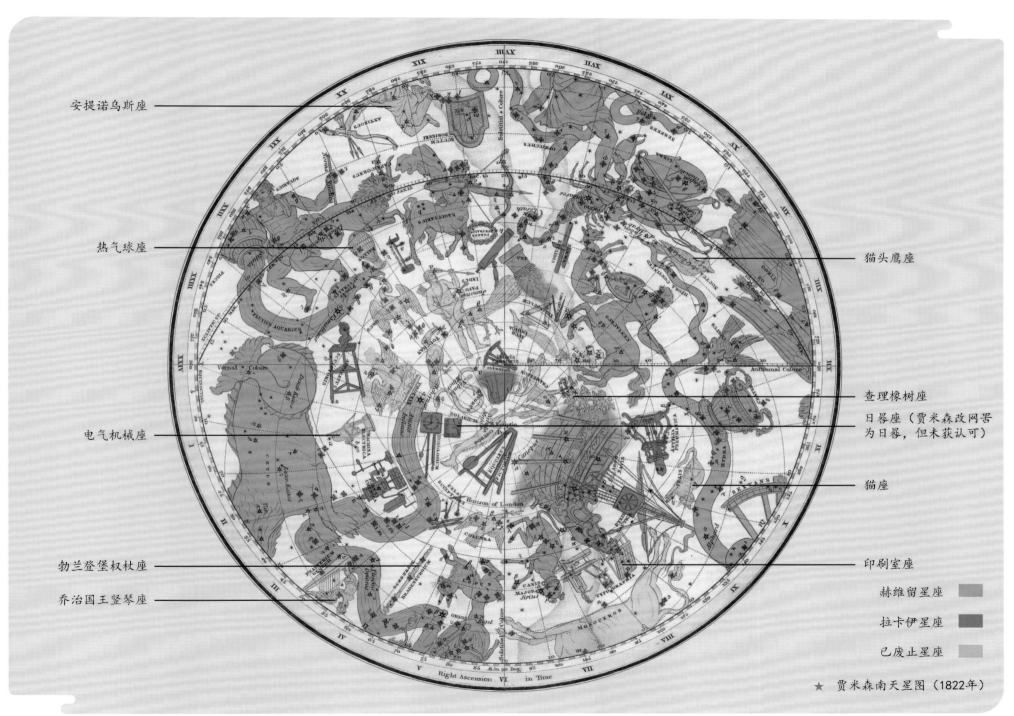

安提诺乌斯座 ——————

热气球座 ——————

电气机械座 ——————

勃兰登堡权杖座 ——————

乔治国王竖琴座 ——————

—————— 猫头鹰座

—————— 查理橡树座

—————— 日晷座（贾米森改网罟
为日晷，但未获认可）

—————— 猫座

—————— 印刷室座

赫维留星座 ▨

拉卡伊星座 ▨

已废止星座 ▨

★ 贾米森南天星图（1822年）

中国星座概述

华夏先民是世界上最早观测星空的民族之一，甲骨文中就出现了"火"、"鸟"等星名。与西方人在夜空中勾画出神灵与怪兽的图像不同，中国古人依据"天人合一"的思想，在头顶上构建了一个由中国古代官吏和世俗事物构成的"星空帝国"。这里有金碧辉煌的宫殿、四通八达的路网、烽火连天的战场、熙熙攘攘的街市、阡陌纵横的农庄、仓廪殷实的府库、珍禽嬉闹的苑囿，甚至连恶臭扑鼻的猪圈与茅厕都被一网打尽。西晋初年太史令陈卓汇总整理全天星座，形成一个包含283个星座1464颗恒星的星座体系。

由于中国星座数量庞大不便记忆，古人又将全天星座分为"三垣二十八宿"，化繁为简，便于学习和掌握。三垣是紫微垣、太微垣和天市垣，这里"垣"是墙垣、城垣的意思。每一垣都有左右两道垣墙环绕，就像是星空中的三座城池。紫微垣位于以北天极为中心的拱极星区，是天帝和他的子嗣、后妃们居住的宫殿。太微垣是天帝与大臣们处理政务的地方，相当于天庭最高行政机构。天市垣是一座贸易市场，堪称"天上的街市"。

二十八宿是古人为观测太阳、月亮和行星的运行而选择的28个参照星座，类似西方黄道十二星座。二十八宿又分为四组并与动物形象相配，分别为

东方苍龙（亦称青龙）：角、亢、氐（dī）、房、心、尾、箕；

北方玄武（龟蛇缠绕）：斗（dǒu）、牛、女、虚、危、室、壁；

西方白虎：奎、娄、胃、昴、毕、觜（zī）、参（shēn）；

南方朱雀：井、鬼、柳、星、张、翼、轸（zhěn）。

在"三垣二十八宿"体系中，二十八宿不仅是单独的星座，除三垣外的其他星座也都分归二十八宿统领，每宿下辖一个到十几个星座不等。

明朝后期，西方传教士带来了欧洲先进的科学知识，明末徐光启组织编纂的《崇祯历书》依据西方星表、星图增设了23个中国无法观测的南极附近星座，中国星座成为覆盖全天的完整体系。同时《崇祯历书》还对原有星座做了调整，废止了部分以暗星为主的星座，减少了一些没有观测数据的暗星，增加了部分传统星座中没有但已精确测量的恒星。清代的恒星观测沿袭了徐光启时的思路，至道光年间，全天一共300个星座，3240颗星，这就是今天我们所说的中国传统星座。

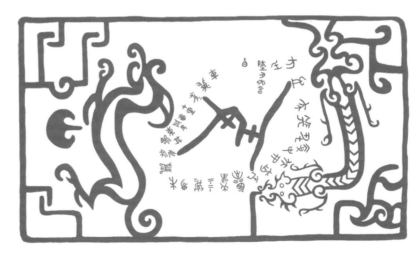

★ 战国早期的曾侯乙墓漆箱，龙、虎图案中央为一个"斗"字，二十八宿名称环绕四周。这是迄今所见最早写有二十八宿名称的文物。

北方玄武

天市垣

西方白虎

紫微垣

东方苍龙

太微垣

南方朱雀

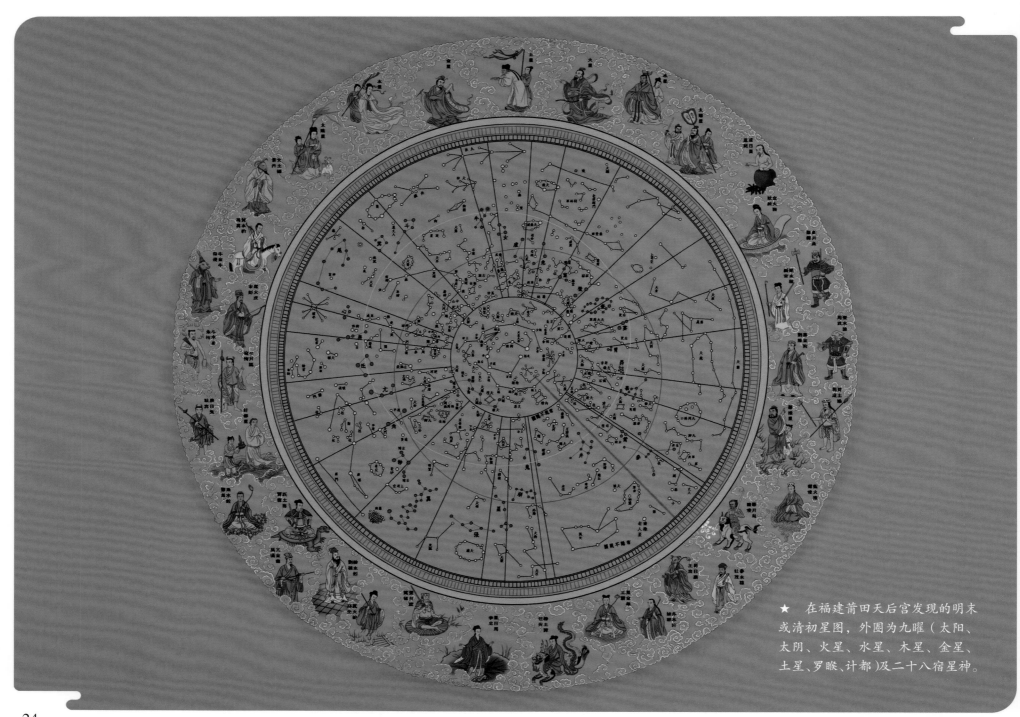

★ 在福建莆田天后宫发现的明末或清初星图，外圈为九曜（太阳、太阴、火星、水星、木星、金星、土星、罗睺、计都）及二十八宿星神。

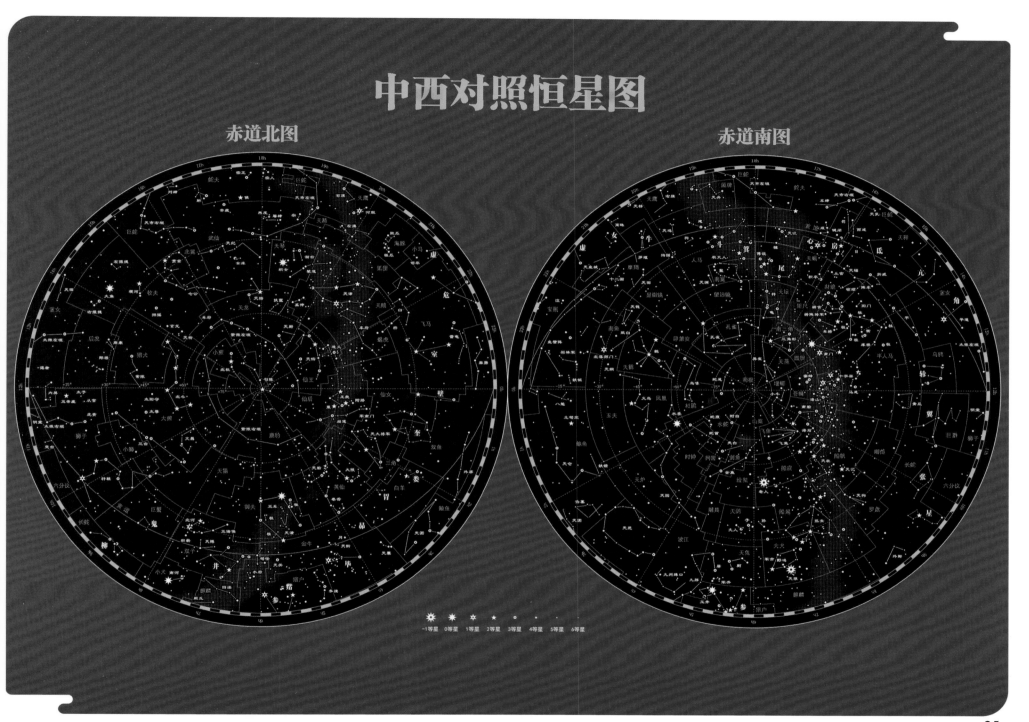

西方星座东传

中国与外部世界的交往自古有之，玄奘取经就是中外交流的佳话。秦汉以降，中外天文交流逐渐增加，巴比伦、希腊、印度的天文学知识直接或间接传入中国。西方星座知识最早在隋唐时期与佛经一起传入中国，隋代《大乘大方等日藏经》首次出现了意译的黄道十二宫名称。佛经中的黄道十二宫都是预测个人命运吉凶的星占内容，正好填补了中国没有此类星占的空白，从隋唐到宋元风行中土数百年，至今我们仍能在敦煌壁画、河北宣化辽墓星图等一些文物中看到本土化的黄道十二宫形象。

十三世纪，蒙古铁蹄横扫亚欧大陆，中国与伊斯兰世界的接触日渐频繁，伊斯兰的天球仪和星占书籍先后被介绍到中国，明初的天文书籍曾出现过 20 多个西方星座名称。从元初至明末近 400 年的时间里，伊斯兰天文学作为中国传统天文历法的补充和参考，在仪器制造、历法编制等方面对中国传统天文产生了一定影响，但托勒密 48 星座相对于中国传统的三垣二十八宿，仅仅是不同的恒星命名体系，并无本质差异，且与中国传统天文体系格格不入，因此并没有被国人所接受。

明朝末年，欧洲传教士纷至沓来，西方星座第三次被带到中国。徐光启领导编制《崇祯历书》时，中国学者已经知道西方有 62 个星座，即托勒密 48 星座、航海 12 星座外加南十字与天鸽两座。此时中国星座还不包括南天极附近的区域，作为大一统的中央王朝，岂能放任这片区域一直是空白呢？于是汤若望、罗雅谷等西方传教士将航海十二星座等以中国人更熟悉的方式重新划分为 23 个星座，改弦更张纳入中国星座体系。

鸦片战争后，清政府被迫结束闭关锁国的历史，完整的西方星座知识与最新天文研究成果一起被介绍给普通的中国读者。1911 年，辛亥革命后作为封建统治象征的中国传统星座遭到冷落，天文研究领域逐步使用西方星座。1922 年，中国天文学会成立，同年国际天文联会正式确定国际通用的 88 个星座，随后又划定星座界限，新的国际通用星座为现代天文研究提供了一套完善的天区划分方案，而中国传统星座仍然停留在恒星组合阶段，早已无法胜任望远镜发明之后暴增的恒星和各类天体命名任务。加上国际天文交流需要统一的语言，国际通用星座因此被刚刚成立的中国天文学会接受，标准的星座译名随之确立。中国传统星座被摒弃，只有大角、心宿二、轩辕十四等亮星的星名还在沿用。

白羊宫　金牛宫　双子宫　巨蟹宫　狮子宫　室女宫

天秤宫　天蝎宫　人马宫　摩羯宫　宝瓶宫　双鱼宫

★　敦煌莫高窟第 61 窟甬道两侧炽盛光佛壁画中的黄道十二宫图像

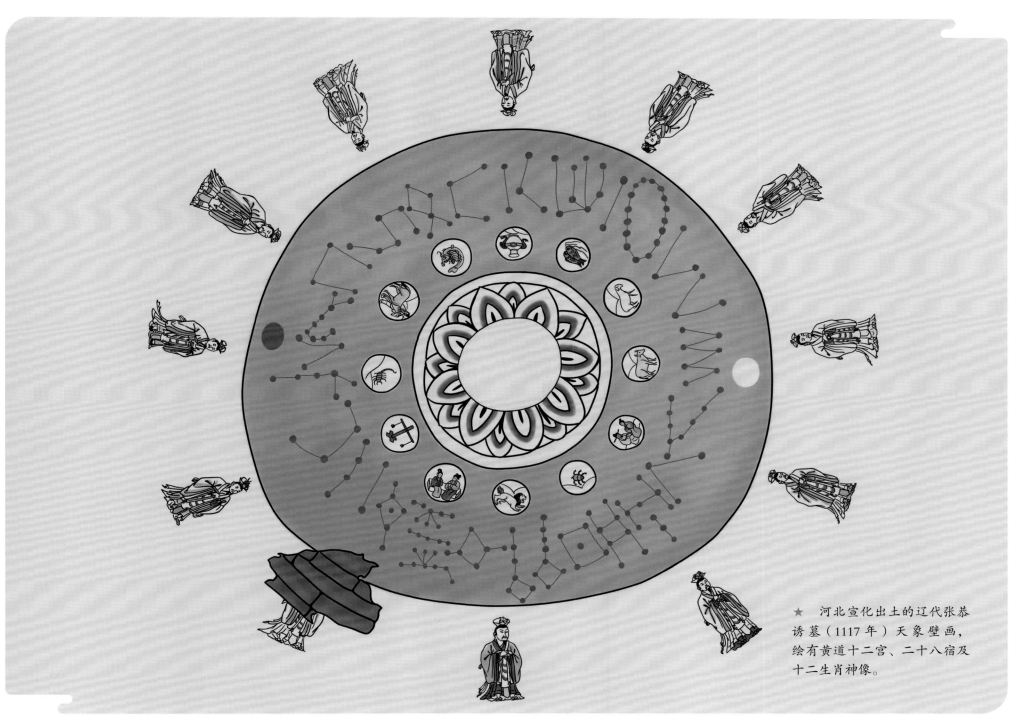

★ 河北宣化出土的辽代张恭诱墓（1117 年）天象壁画，绘有黄道十二宫、二十八宿及十二生肖神像。

★ 北宋天文学家苏颂所著《新仪象法要》一书所载《浑象南极图》，南天极附近的区域为一片空白，那是当时的都城开封看不到的天区。

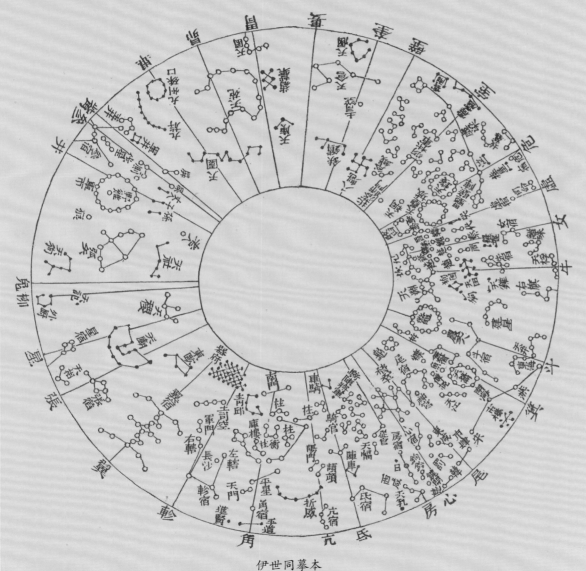

伊世同摹本

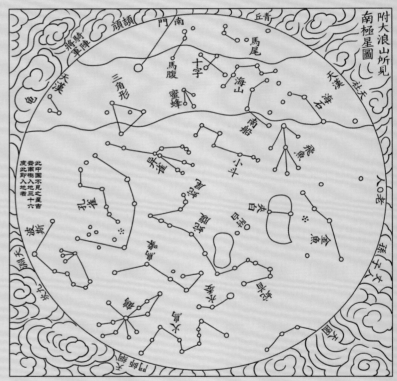

★ 清康熙年间的《附大浪山所见南极星图》绘出了明末根据西方星座增设的中国南极星座。大浪山为今南非好望角，位于南纬34°，其常年可见的南极附近天区恰是开封不可见的。

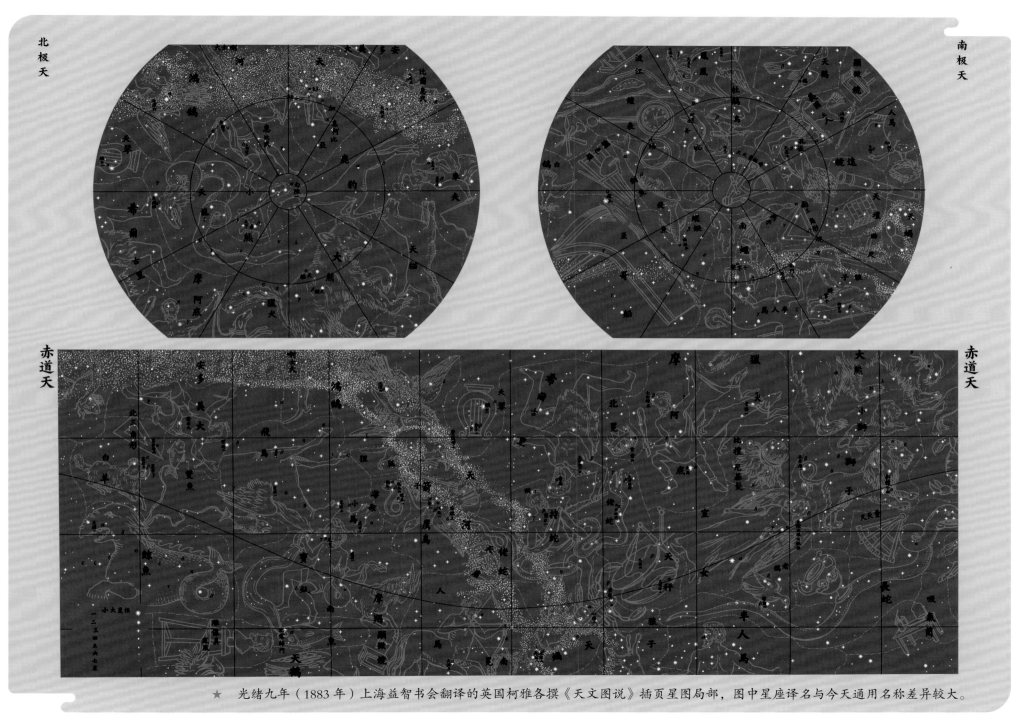

赤道天

赤道天

★ 光绪九年（1883年）上海益智书会翻译的英国柯雅各撰《天文图说》插页星图局部，图中星座译名与今天通用名称差异较大。

恒星的命名

在古希腊和古罗马，仅有极少数恒星拥有自己的名字，托勒密以恒星在星座图像中的位置来描述它们。中世纪的伊斯兰学者拉赫曼·苏菲在《恒星之书》中列出了部分恒星在阿拉伯星座中的代表事物，或将托勒密的位置描述翻译为阿拉伯语，后来这些阿拉伯语称谓被广泛采用，成为一些恒星的专用名，比如织女星 Vega 是阿拉伯语"坠落之鹰"的意思。

德国业余天文学家约翰·拜尔在 1603 年出版的星图中，使用希腊字母为星座内的恒星编号，比如狮子座 α、猎户座 β 等，通常情况下编号顺序符合星座内恒星亮度的排序，比如 α 星是本星座内最亮的恒星，β 星次之，γ 星再次，但不符合的情况也很多，比如猎户座 β 比猎户座 α 更亮。拜尔命名法获得了广泛使用，是今天天文爱好者最熟悉的恒星称谓。本书后面的内容及"西游天宫"部分都会使用此种方法来称呼或标注恒星。

中国古代拥有专名的恒星也不多，它们要么是单一恒星构成的星座，星座名即为恒星名，比如：天狼、大角、北落师门等。要么是一些极重要星座中的恒星，比如北斗七星分别称为天枢、天璇、天玑、天权、玉衡、开阳和摇光。对于大多数恒星，古人以星座中的位置称呼它们，比如东星、西北星、南第二星等。有些星座中最亮的星会被称为大星，比如勾陈大星，是指北极星，因为它是勾陈星座 6 颗星中最亮的。

明末《崇祯历书》首次采用一、二、三、四等数字给星座中的恒星连续编号，清代延续了这一做法，比如狮子座 α 中国名称叫"轩辕十四"，本意是轩辕星座第十四颗星，猎户座 β 为"参宿七"即参宿第七颗星。还有一些星的数字序号前有一个"增"字，代表它们是早期星座体系中没有，为明清两代新增补的恒星，比如辇道增七，是辇道星座增补的第七颗星。恒星的中国星名我们在后面的文章和星图中也会用到。

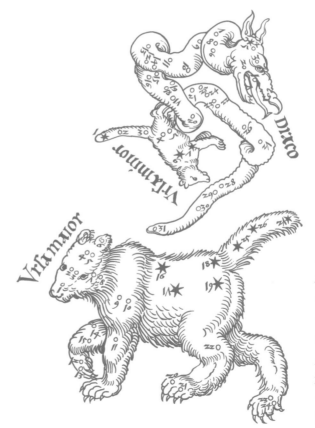

★ 1515 年的丢勒星图使用阿拉伯数字给星座中的每一颗恒星编号，可以看到图中北斗七星的编号从斗口开始依次是 16、17、19、18、25、26、27。这一做法源于《恒星之书》，但在欧洲并没有被普遍使用。

30

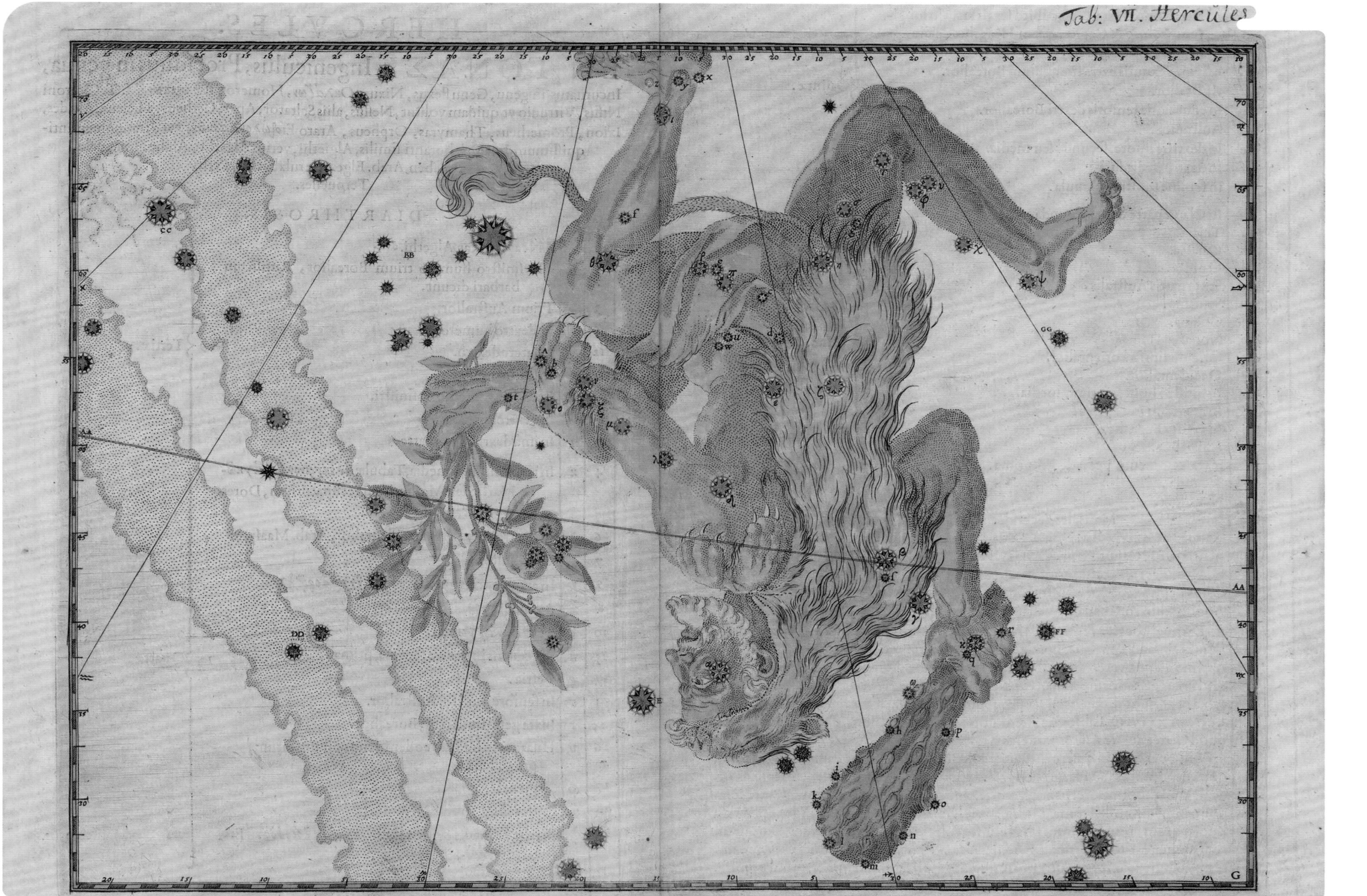

拜尔星图中的武仙座（中国香港托勒密博物馆收藏并提供图片）

第三篇

北纬35°附近的春季星空

星空亮点

北斗是北天极附近最显著的星象，也是当之无愧的星空路标。春夜北斗高悬，认识星空的第一步就从它开始吧！

北斗是大熊座的一部分，七颗星组成一个勺子形状，前四颗称斗魁，后三颗叫斗柄。在斗柄中间的开阳星旁还隐藏着第八颗星"辅"。辅星是一颗4等星，与开阳距离很近，直径只有月亮的约三分之一。古代大气透明度好，通常观看4等星没有难度，但由于它紧邻明亮的开阳星，视力差的人分辨起来有一定困难。据说古代阿拉伯人用此星检验士兵视力，能分辨出辅星者才算合格。

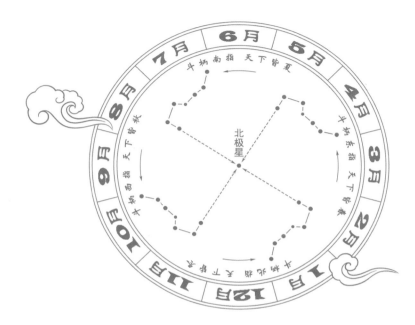

★　每晚8点左右北斗的位置变化

恒星各自的运动方向

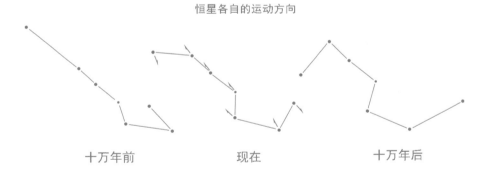

十万年前　　　　　现在　　　　　十万年后

★　北斗七星不会永远保持现在的样子。虽然与行星相比，组成星座的星星看起来恒定不动，才有了"恒星"这个名字，但事实上它们都在高速运动，只是太过遥远，在我们有生之年根本无法察觉。但经过数万年后情形就不同了，十万年后北斗的形状将发生很大变化，那时的人类会将它想象成什么呢？

如果我们在每天黄昏静候群星出现，你会发现，斗柄所指的方向，每天逆时针偏移1°，每月移动30°，三个月累计一个象限，一年后又回到原处。古人据此参悟出斗柄指向与寒来暑往季节变迁的关系，这就是自古流传的节令歌诀"斗柄东指，天下皆春；斗柄南指，天下皆夏；斗柄西指，天下皆秋；斗柄北指，天下皆冬。"

将北斗斗魁前两星的连线延长5倍的距离，就可以找到大名鼎鼎的北极星。北极星是小熊座最亮的恒星，恰好与北天极重合，为我们默默地指示着正北的方向。

在中国，它因为酷似商周时期一种舀酒的长柄器物"斗"而得名。今天中国人普遍将其视为一把大号汤勺，民间俗称"勺子星"。无独有偶，美国人和加拿大也习惯称其为"Big Dipper"大勺子。

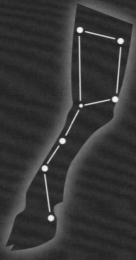

公元前1世纪埃及哈索尔神庙星图中北斗七星被描绘成一条牛腿。

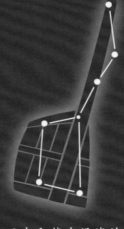

日本和越南沿海的一些渔民，常称它们为"舵星"或"大舵星"。

法国南部居民认为它是一口巨大的平底锅。

英国人和爱尔兰人将北斗七星想象成一具不停耕田的犁。

欧洲很多民族都将北斗看作一驾马车，不同语言中分别被称为查理的马车、奥丁的马车、男人的马车、大马车等。将北斗与马车联系并非欧洲特有，这个的传统可以追溯到三四千年前的两河流域，中国古代也有"斗为帝车"的说法。

北美苏族印第安人将其想象为一只臭鼬。

因纽特人则将这组恒星叫作"驯鹿"，并用它确定夜晚的时间。

顺着北斗斗柄形成的弧线延伸出去，会遇到一颗橙黄色和一颗蓝白色的亮星，它们是牧夫座的大角星与室女座的角宿一。这两颗星在春夜里相伴而行格外引人注目，日本民间称它们为"夫妇星"，中国古人则将它们看作东方苍龙的两个犄角。

由北斗斗柄、大角和角宿一构成的华美弧线，是春夜星空最绚丽的景致，天文爱好者称为"春季大弧线"。沿着这条弧线继续向西南寻找，可以看到四颗小星组成一个不规则四边形，这就是乌鸦座，大体相当于中国古代的轸宿。

乌鸦座下方是长蛇座的尾部，这条长蛇东西绵延超过90°，恰如星空中的"一字长蛇阵"，当蛇尾还在东方地平线下时，蛇头已经高昂于南天了。

长蛇座上方，室女座西边是狮子座，最显著特征是六颗星排列成一把镰刀状，镰刀最下端的亮星名为轩辕十四，恰好位于黄道之上。轩辕十四东边有一颗二等星名叫五帝座一，它与大角和角宿一组成一个近似正三角形，称为"春季大三角"。

春季大三角以北，直到北斗斗柄附近都缺乏亮星，唯一的三等星是猎犬座常陈一，它与大角、五帝座一组成一个近似等边三角形，再加上角宿一，四颗星组成一个菱形，人称"春季大钻石"。不过因为常陈一亮度较低，在光污染较重的城市不易寻找。

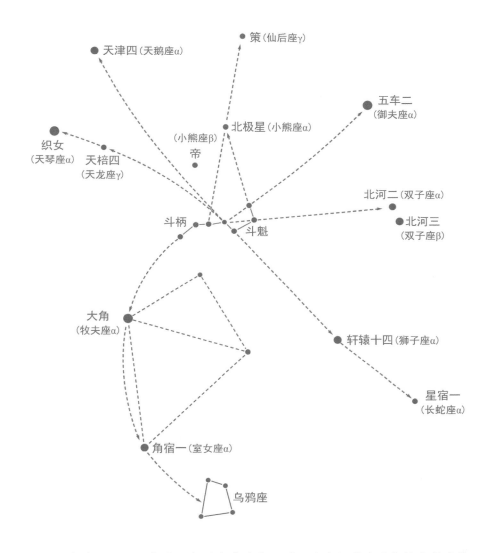

★ 北斗对于初识星空的人来说非常重要，利用北斗七星除了能很方便地找到北极星外，它还可以帮助我们找到十颗以上的亮星。犹如我们认识星空的一把钥匙。如果你还不认识任何星星或者星座，那么不妨利用上图，先在北方夜空中找到那把大勺，然后试着通过它在星空中寻找这些亮星。比如春季的大角与角宿一，之后再借助它们认识更多的恒星和星座。

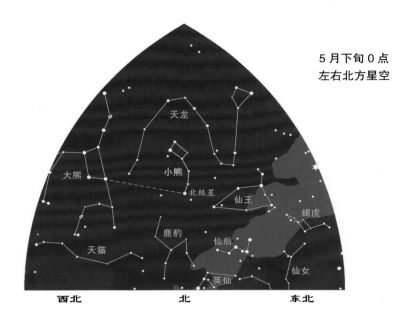

5月下旬0点
左右北方星空

天龙

大熊　小熊　北极星　仙王

　　蝎虎

鹿豹　仙后

天猫　　英仙　仙女

西北　　　北　　　东北

初识星空

　　北斗在中国家喻户晓，夜晚我们面对北方总能找到它的身影。将北斗前两颗星的连线延长5倍距离，那里有一颗和北斗七星亮度相当的星，它位于地球自转轴延长线的北端，也就是北天极的方向，在斗转星移的过程中它却如泰山般岿然不动，为我们标示出正北方位，是人们夜间辨别方向的天然灯塔，它就是北极星。北极星的中国星名叫勾陈一，是小熊座最亮的恒星，小熊座的形状和北斗有些相似，但要小很多，所以又称"小北斗"。

历史与神话

　　希腊神话中第二代神王克洛诺斯，担心被自己的孩子推翻，将他与瑞亚生下的每一个孩子都吞入腹中。宙斯出生后，瑞亚用一块石头骗过了残暴的克洛诺斯，使宙斯幸免于难。襁褓中的宙斯被名为赫利斯和库诺苏拉的两位仙女藏在克里特岛的一个山洞中哺育了一年。宙斯取代克洛诺斯成为新的神王后，将两个仙女升入天界化为大熊座与小熊座。但神话并没有解释仙女为什么变成了熊。赫利斯是希腊语"转动"的意思，应该源于大熊座绕着北天极旋转。库诺苏拉指"狗尾巴"，但来源并不明确。它们原本是对这两个星座的称呼，后来被移用为故事中仙女的名字。

经典图像

　　古希腊人认为，构成小熊座的七颗星，四颗在躯干上，三颗在尾巴上，因此小熊就拥有了一条与身体比例极不相称的大尾巴。星图中它总是高高翘起，让人联想起浣熊、黄鼠狼之类的动物。

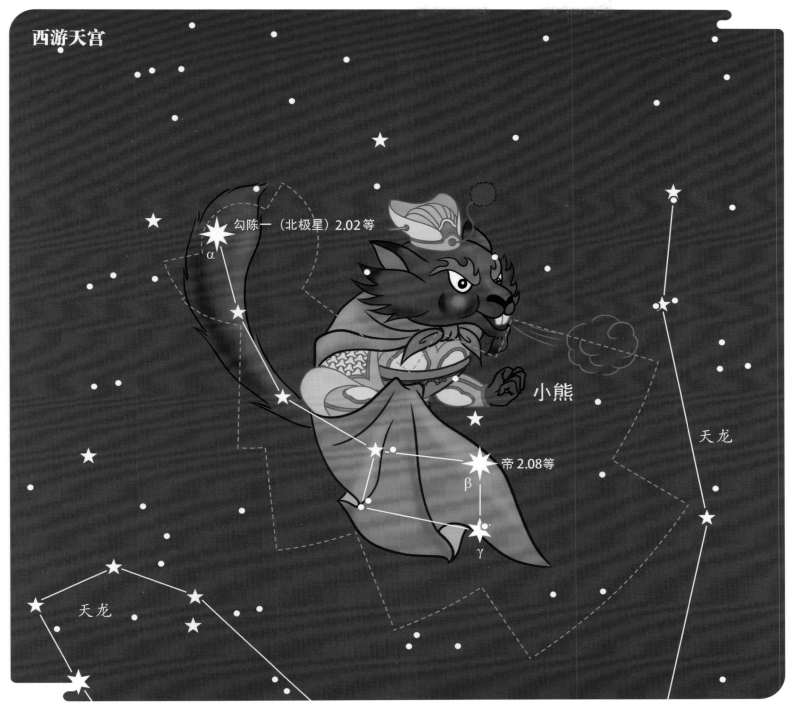

勾陈一（北极星）2.02等

α

小熊

帝 2.08等

β

γ

天龙

天龙

黄风怪

这个妖怪原本是灵山脚下得道的黄毛貂鼠，偷了佛祖琉璃盏内的清油，因害怕金刚捉拿而逃至黄风岭。唐僧取经路过时，被黄风怪手下虎先锋用金蝉脱壳之计捉住。孙悟空和猪八戒前来搭救师傅，黄风怪吹出三昧神风伤了悟空眼睛，护法伽蓝化作一位老者用"三花九子膏"医好悟空眼疾。后经太白金星指点，悟空前往小须弥山请来灵吉菩萨，用飞龙宝杖将黄风怪降伏。

貂的尾巴长而蓬松，与小熊座的图像特征相符，因此以黄风怪的形象诠释小熊座。

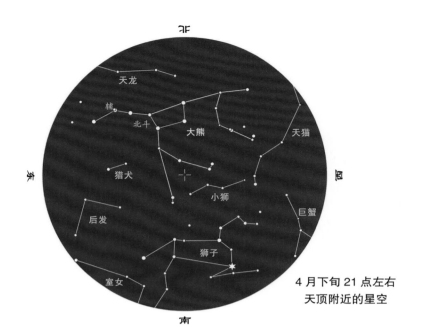

4月下旬21点左右
天顶附近的星空

初识星空

北斗，位于北边天空又形似古人盛酒的器具"斗"而得名。七颗星分别称为天枢、天璇、天玑、天权、玉衡、开阳和摇光。在中国大部分地区它们常年可见，仅有斗柄会短时间落入地平线下。随着地球的自转，北斗犹如钟表上的指针，绕着北天极逆时针旋转，每小时15°，掌握了北斗的运行规律，人们就可以大致估算出夜晚的时刻了。古希腊人将这七颗星纳入一幅巨大的熊图像中，但这个星座的其他恒星在北斗面前都显得黯淡无光。

历史与神话

关于大熊座与小熊座起源，还有另一则流传更广的神话：宙斯爱上了月亮女神阿耳忒弥斯的侍女卡利斯忒，他变作阿耳忒弥斯的模样奸污了卡利斯忒，失去贞洁的卡利斯忒被女神放逐后生下了男孩阿尔卡斯。宙斯的妻子赫拉得知此事后，将卡利斯忒变成了一头母熊。长大成人的阿尔卡斯，在一次狩猎中遇到了变成熊的卡利斯忒，他准备将长矛刺向自己的母亲时，被宙斯及时发现，为了避免悲剧发生，宙斯将阿尔卡斯变成一头小熊，使得母子相认，并将它们升到天界成为大熊座与小熊座。但赫拉并没有就此放过这对母子，她让这两个星座日夜不停地绕着北天极旋转，永远不能落到海平面以下休息片刻。

经典图像

在经典的大熊座图像中，北斗的斗魁四星位于熊的腰部和臀部，斗柄三星则是大熊夸张的长尾，两两成对的三组恒星，分别对应三只熊掌。

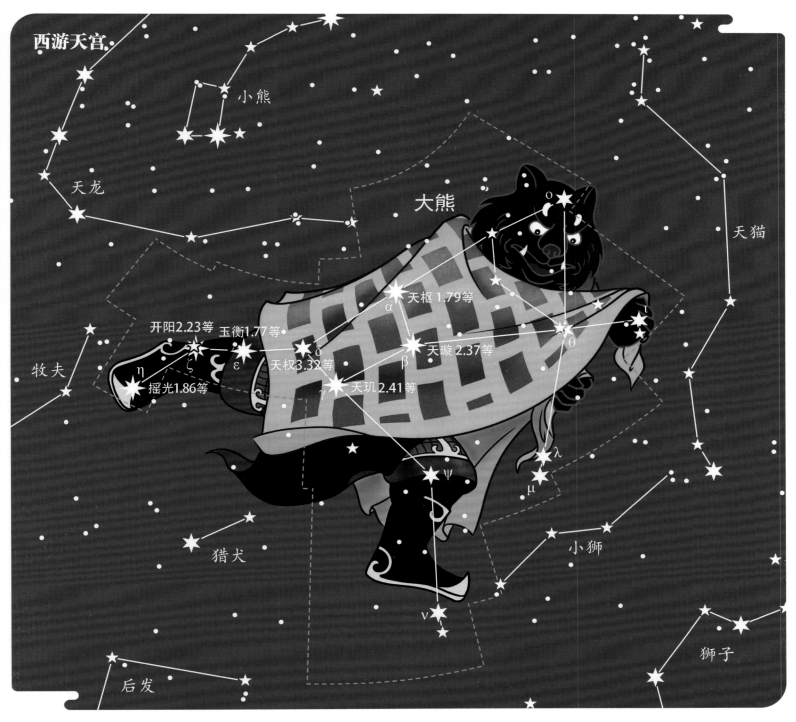

西游天宫

小熊

天龙

天猫

大熊

天枢 1.79等

开阳2.23等　玉衡1.77等

天璇 2.37等

天权3.32等　θ

牧夫　η　ζ　ε

摇光1.86等　δ　β

天玑 2.41等

γ

λ

ψ　μ

猎犬

小狮

ν

后发　狮子

　　黑风山黑风洞的黑大王。孙悟空保护师傅西天取经路过观音禅院，金池长老贪图唐僧的锦襕袈裟，趁夜放火想烧死师徒二人。黑熊精前来救火，但却趁火打劫盗走宝贝袈裟，还欲办"佛衣会"为自己庆寿。孙悟空上门讨要，却只能与黑熊精战个平手，只好向观音菩萨求助。菩萨用金紧禁三箍中的禁箍收服了黑熊精，使之皈依佛门，做了菩萨的守山大神。

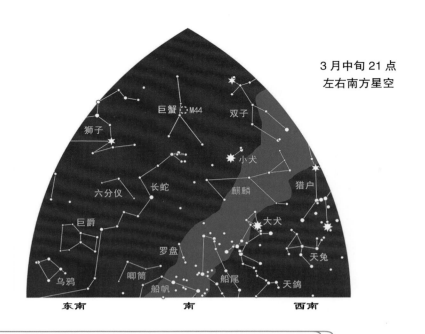

3月中旬21点
左右南方星空

巨蟹 M44 双子
狮子
小犬
六分仪 长蛇 麒麟 猎户
巨爵 大犬
罗盘 天兔
乌鸦 唧筒 船尾 天鸽
船帆
东南　　南　　西南

巨蟹座

初识星空

　　巨蟹座夹在双子座与狮子座之间，每年3月入夜后，它会升到南天高处。但这个不起眼的黄道星座，没有超过3等亮度的恒星，只有α、β、δ、ι4颗星组成一个"人"字形，勉强算个特点。在远离光污染的地方，我们可以在巨蟹座γ和δ两星中间找到一个若云似雾的朦胧斑点，它实际上是一个由近千颗恒星组成的星团，我国古代称为"积尸气"，天文爱好者喜欢称它为M44、鬼星团或蜂巢星团。

历史与神话

　　赫拉克勒斯与九头蛇许德拉激战正酣之时，赫拉派出一只大螃蟹企图暗算他，这只螃蟹从藏身的沼泽中悄悄爬出，接近赫拉克勒斯并用巨螯紧紧夹住英雄的一条腿，这彻底激怒了赫拉克勒斯，他抬起脚将螃蟹踩得粉碎。后来赫拉将螃蟹置于星空中，成为巨蟹座。

　　古希腊人将M44称为"食槽"，旁边巨蟹座γ、δ两星则是两头驴子，γ星为北边的驴子，δ星为南边的驴子。据说在宙斯与巨人作战时，两头受惊的驴子大声嘶叫，使不明真相的巨人望风而逃，所以他们被放置在星空中。

经典图像

　　巨蟹座在古希腊被想象为一只大螃蟹，但在很多欧洲语言中蟹和螯虾是同一个词，所以巨蟹座也常会以小龙虾的形象出现。

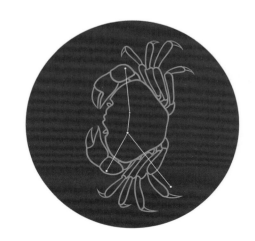

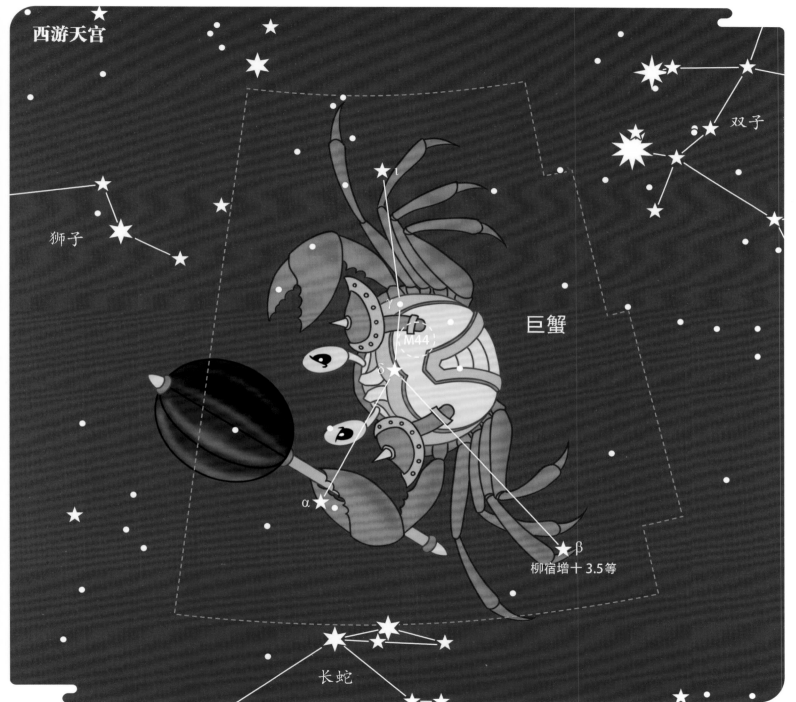

西游天宫

狮子

双子

巨蟹

M44

柳宿增十 3.5 等

α

β

长蛇

蟹将军

　　蟹将军是龙王手下的兵将。《西游记》第三回，美猴王到东海龙宫讨要兵器时，龙王就率领龙子、龙孙、虾兵、蟹将一起出宫相迎。"虾兵蟹将"一词后来比喻敌人的爪牙或不中用的大小喽啰，这倒是与希腊神话中巨蟹座的表现相符。

★　1515 年丢勒星图中的巨蟹座。

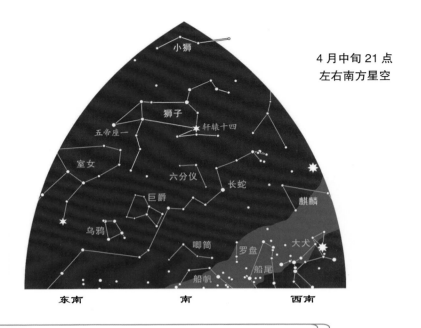

4月中旬21点
左右南方星空

东南　　　　南　　　　西南

狮子座　小狮座

初识星空

　　3月底、4月初的晚上九、十点钟向正南方望去，有六颗星排列如一把镰刀，镰刀最下面的亮星恰好位于黄道之上，中国星名为"轩辕十四"，古巴比伦人则称之为"王者之星"。镰刀东边有三颗星构成一个直角三角形，将这两组星连起来，一只头西尾东、气宇轩昂的雄狮就赫然显现于夜空了。狮子尾巴上的亮星名叫"五帝座一"，它与大角和角宿一组成一个正三角形，称为"春季大三角"。狮子头部上方是小狮座，最亮的星仅有四等，夹在大熊座与狮子座之间，愈显暗淡无光，建议对照星图到野外仔细寻找。

历史与神话

　　赫拉克勒斯需要经历12项艰巨任务的考验才能成为天神，其中第一项就是杀死刀枪不入的涅墨亚巨狮。最终他凭借神力，赤手空拳将巨狮勒死。后来宙斯将狮子升上天界，以炫耀赫拉克勒斯的功绩。

　　波兰天文学家赫维留于1687年设立了小狮座，据说是为了给狮子座找个伴儿，因为大熊旁有小熊，大犬也有小犬作伴。但在赫维留的星图中，小狮座图像并非一只年幼的狮子，而是一只成年雄狮，只是这个星座的面积要比狮子座小很多。

★　伊拉克出土的公元前2世纪的泥板上，有翼狮子与乌鸦骑在神蛇背上的图案，代表狮子座、乌鸦座和长蛇座。

经典图像

　　涅墨亚巨狮昂首挺立，轩辕十四位于狮子的心脏部位，五帝座一则是狮尾上的鬃毛。小狮座的图像并不是一只趴在大狮子头上的幼狮，而是一只卧着的雄狮。

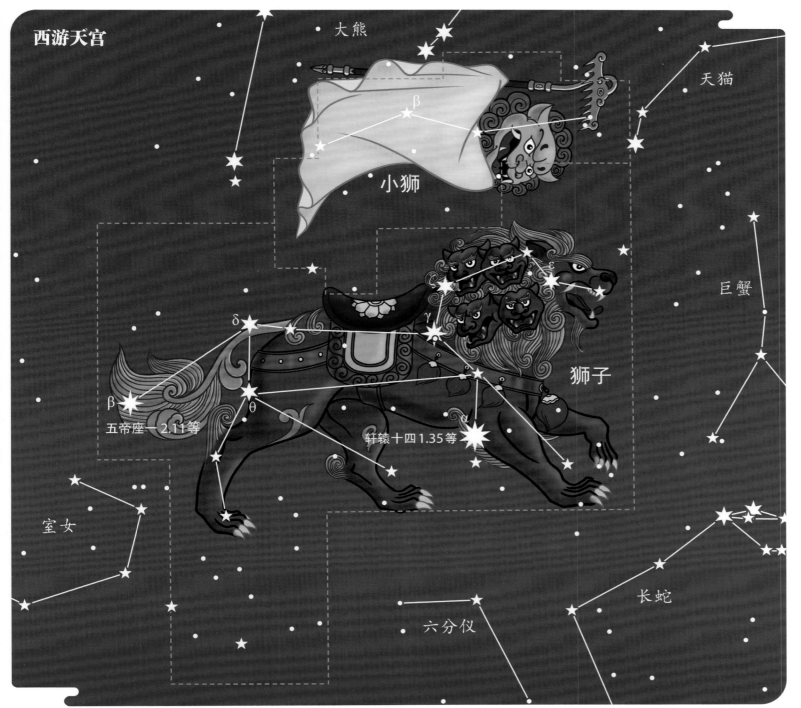

西游天宫

大熊

天猫

小狮

β

巨蟹

狮子

δ

γ

ε

θ

β

五帝座一 2.11等

轩辕十四 1.35等

α

室女

六分仪

长蛇

九头狮子

号称"九灵元圣"的九头狮子，本为太乙救苦天尊坐骑，其趁狮奴醉酒，下降竹节山九曲盘桓洞，被众狮拜为祖翁。为替黄狮精出头，将唐僧等人叼走。后来行者请太乙天尊下凡，方才收服九头狮子。

黄狮精

豹头山虎口洞的黄狮精，乃金毛狮子成精，称九灵元圣为祖爷爷。孙悟空兄弟三人在玉华州传授三位王子武艺，铁匠依照金箍棒等神兵样式为三位王子打造趁手兵器，结果被黄狮精发现，将三件神兵偷走，并欲举办"钉耙会"邀请九灵元圣一同庆贺。悟空兄弟三人变化后混入虎口洞，夺回兵器。黄狮精不敌，逃至竹节山请九灵元圣为它出气。

九灵元圣与黄狮精的搭配恰好符合赫维留大狮、小狮的设定。

43

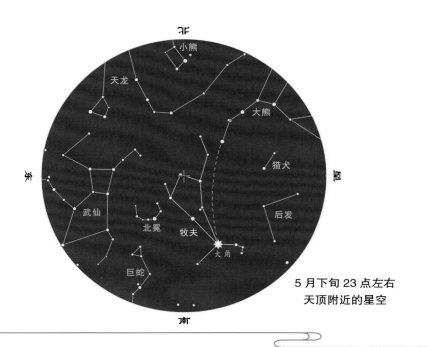

5月下旬23点左右
天顶附近的星空

初识星空

　　北斗的斗柄形成一条弯曲的弧线，顺着这条弧线延伸出去，大约一个北斗的长度处，便会遇到一颗璀璨的橙红色亮星——大角，它是天球赤道以北最明亮的恒星，全天排名第四。找到了大角就可以轻松定位牧夫座，大熊的尾部与大角之间就是牧夫的身体，典型特点是包括大角在内的主要恒星排列成一个风筝形状。

历史与神话

　　在古希腊，牧夫座总是与北斗相关联，如果把北斗七星看作一辆牛车，那么牧夫座就充当着"赶牛人（Boötes）"的角色；如果北斗是一头熊，那么牧夫座就是 Arctophylax，即"熊的守护者"。所以关于牧夫座起源的神话也很多，有人认为它是阿尔卡斯，没有变成小熊而是守卫着自己的母亲大熊座卡利斯忒。有人说它是农业女神得墨忒尔的儿子菲洛墨洛斯，发明了牛车和耕犁。还有人称它是伊卡里乌斯，从酒神那里学会了葡萄酒酿造技艺，将酒载在牛车上游走四方，让人们享用神赐予的礼物。但今天最常见的说法认为，牧夫座是奉赫拉之命追杀大熊和小熊的猎人。

经典图像

　　18世纪以来的星图中，牧夫座通常被塑造成一位猎人，左手牵着两条猎犬，右手拿着一根大棒。同时他还保留着一些农夫或牧人的特征，两只手中有时握着镰刀与牧羊杖。

大熊

牧夫

猎犬

武仙

后发

北冕

梗河一 2.37等

大角 -0.04等

α

η

巨蛇

二郎神杨戬

二郎真君是玉皇大帝的外甥，头上有三只眼，善使三尖两刃刀，又有哮天犬相助，可谓神通广大。孙悟空搅乱蟠桃会，玉帝派十万天兵天将前往捉拿，但都不是孙大圣的对手。正在一筹莫展之际，观音菩萨推荐二郎真君出战。二郎神果然不负众望，与梅山兄弟将大圣困住，太上老君暗中相助，又有哮天犬将悟空扑倒，最终擒住了猴王。二郎神杨戬与牧夫座并没有内在联系，但二郎神和哮天犬这对老搭档正好可以呼应牧夫与猎犬的组合。

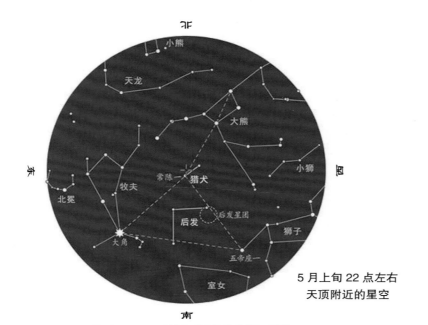

5月上旬22点左右
天顶附近的星空

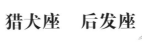

初识星空

从北斗天枢和天玑引一条直线，向大角方向延长约两倍距离，可以找到一颗2.9等星，在周围众多暗星的衬托下，倒也醒目，它就是猎犬座α，中国星名为"常陈一"。它与五帝座一和大角星组成了一个等边三角形，这样也可以帮助我们定位猎犬座。

猎犬座以南，大角与五帝座一连线的上方，就是后发座的大致位置了。其中在常陈一与五帝座一中间，有一片星光朦胧的区域，在没有光污染的环境下，肉眼可以分辨出10颗左右的暗弱恒星，它们被称为后发星团，最初的后发座就是指它们。

历史与神话

1533年，德国天文学家阿皮亚努斯在星图中为牧夫添加了两条狗。1687年，赫维留将牧夫身后的狗挪到了大熊尾巴下方，并正式设立猎犬座。

据说，埃及法老托勒密三世的王后贝勒奈西二世，在法老出征叙利亚时发誓，如果丈夫胜利归来，她会剪下头发献祭给女神阿芙洛狄忒。后来她履行了诺言，但第二天头发就从神坛上消失了。天文学家科农宣称那缕秀发已经被女神升入天界，化为狮子座尾后那团朦胧的恒星。托勒密在《天文学大成》中将这几颗星称为"贝勒奈西的头发"，但它们从属于狮子座，并非一个独立星座。1536年，在德国数学家及制图师卡斯帕·沃佩尔制作的天球仪上，后发座被独立了出来，后来被墨卡托、第谷等人采纳而流传开来，最终成为现代88星座之一。

经典图像

猎犬座是牧夫座牵着的两条猎犬，它们一南一北朝着大熊座飞扑而去。

后发座并非一缕秀发，更像是飘在星空中的一顶假发套。

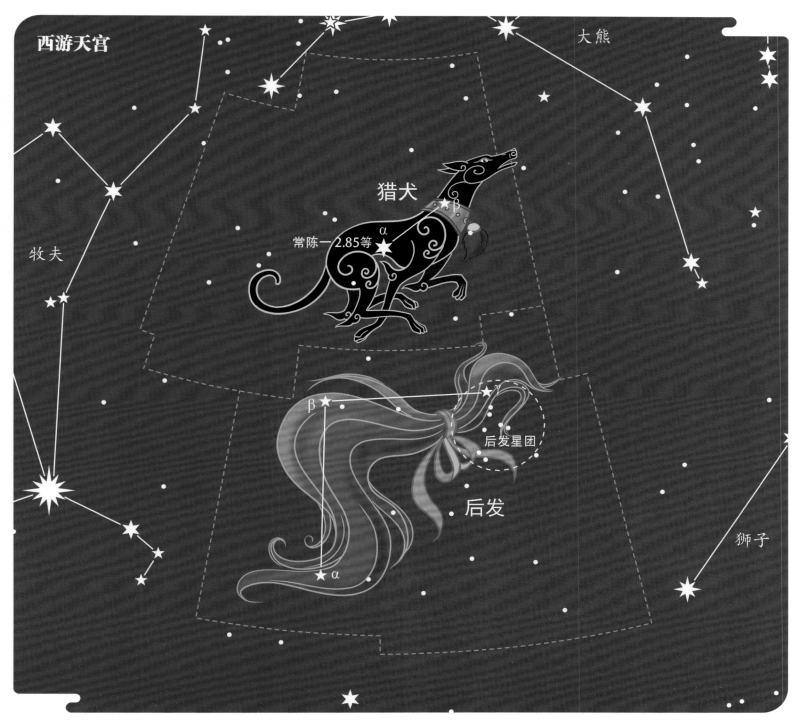

西游天宫

大熊

猎犬

β

α

常陈一2.85等

牧夫

β

γ

后发星团

后发

α

狮子

二郎神的细犬，在《西游记》中的战绩包括协助二郎神擒拿孙悟空，咬掉九头虫的一个头。二郎神与哆天犬的组合恰好与牧夫和猎犬呼应。

灭法国王后的头发

灭法国国王发誓要杀一万个和尚。为使国王回心向善，孙悟空施法术，一夜之间把国王、后妃、宫娥太监及文武大臣的头发尽行剃去。灭法国王后的头发正是"后发"。

★ 1536年沃佩尔天球仪上的后发座。

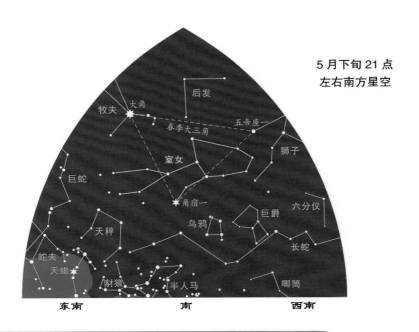

5月下旬21点
左右南方星空

初识星空

顺着斗柄的弧线，由大角再向南延长大约一倍距离，可以看到散发着蓝白色清晖的角宿一。角宿一的西方专名为 Spica，是拉丁语"麦穗"的意思，它属于室女座。室女座横跨在天赤道上，黄道从中斜穿而过，角宿一就在黄道下方不远处，黄道与赤道交点之一的秋分点，位于室女座 β 东边。室女座是仅次于长蛇座的全天第二大星座，也是最大的黄道星座，太阳每年要在室女座运行 45 天。

历史与神话

拉丁语 Virgo 有"处女"的意思，所以常有人翻译为"处女座"，但天文学的标准译法是"室女座"。一些传说将室女座与正义女神阿斯托利亚相联系，但流传更广的说法认为室女座是农业女神得墨忒尔或她的女儿佩尔塞福涅。

室女座的历史可以追溯到公元前 1000 年或更早的美索不达米亚，在《穆拉品》中，有一个和女神莎拉相关的"犁沟"星座，大致就在今天室女座位置上。在出土泥版上还有金星与手持麦穗的女神形象，类似图像还出现在埃及哈索尔神庙星图中。室女座之所以与农业和麦穗相关，大概是巴比伦时期太阳运行到角宿一附近时，正是秋季农作物收获的季节。

经典图像

在西方古典星图中，室女座肋生双翅，右手持棕榈叶，左手握着一束麦穗，角宿一就闪耀在麦穗尖端。

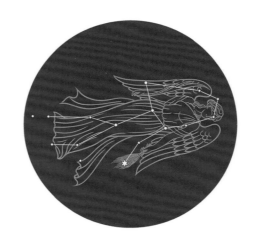

西游天宫

狮子

巨爵

乌鸦

后发

室女

β

γ

ε

δ

α

角宿一0.98等

ζ

长蛇

牧夫

天秤

女儿国国王

　　女王在西梁国从未见过男人。举国上下靠子母河水繁衍后代。她见唐僧是天朝上国男儿，便想用一国之富招唐僧为夫，自己情愿与他做个王后。孙悟空不愿用对付妖怪的方式对付凡人，于是说服唐僧假装答应，在吃过婚宴之后，哄骗女王将唐僧师徒送出城。因蝎子精摄走唐僧，孙悟空等显露神通，女王方才醒悟，自觉惭愧，黯然回城。女王是处女之身，用她来诠释室女座形象非常合适。

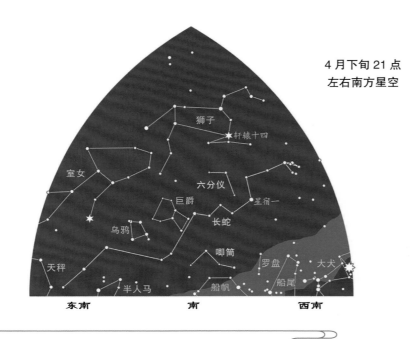

狮子
轩辕十四
室女
六分仪
巨爵
星宿一
长蛇
乌鸦
唧筒
罗盘
大犬
天秤
半人马
船帆
船尾

东南　　　　南　　　　西南

长蛇座　六分仪座　唧筒座

初识星空

在春季的夜空中，长蛇座蜿蜒于巨蟹、狮子、室女三个黄道星座以南，跨越四分之一天空。当蛇头昂扬于正南方时，蛇尾还在东边地平线下，尚需一个小时左右才能完全升起。南河三与轩辕十四两颗亮星连线正中稍偏下一点，即巨蟹座之南，是六颗三、四等星组成的蛇头。在轩辕十四西南有一颗孤零零的橙红色亮星，是周围大片天区中唯一的二等星，阿拉伯人称之为"孤独者"，中国名字叫"星宿一"，代表长蛇的心脏。长蛇座其余部分都很暗淡，并不引人注目。六分仪座与唧筒座一北一南位于蛇身两侧，都是四、五等小星，更加难以寻找。

历史与神话

长蛇座是一个古老的星座，巴比伦的界石上就有狮子站在长蛇身体上的图像。与盖世英雄赫拉克勒斯相关的神话中，长蛇座象征被赫拉克勒斯杀死的九头蛇许德拉。这条蛇怪不仅有九个头，而且砍掉一个头，立即会长出两个来。赫拉克勒斯在伊俄拉俄斯的协助下，当赫拉克勒斯砍掉一个蛇头后，伊俄拉俄斯马上用火炬灼烧蛇怪颈部的伤口，使蛇头不能长出，最终消灭了许德拉。

六分仪是一种测量两个天体之间角距离的仪器。赫维留制作的六分仪达到了前所未有的精度，可惜在一次火灾中，赫维留心爱的仪器付之一炬。为纪念这架曾立下汗马功劳的六分仪，赫维留将长蛇座与狮子座之间的空白区域命名为六分仪座。

唧筒座是法国天文科学家拉卡伊为纪念丹尼斯·帕平发明的气泵，于1752年设立的星座。

经典图像

欧洲古典星图中的长蛇座仅有一个头，并非像许德拉那样有九个头。六分仪的主体部分呈扇形，圆弧部分是圆周的六分之一，故名。拉卡伊将唧筒座描绘为帕平实验中使用的单缸真空泵。

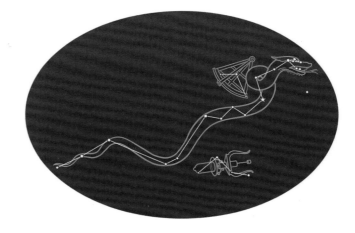

西游天宫

六分仪

狮子

巨蟹

小犬

室女

长蛇

α　星宿一 1.98等

麒麟

巨爵

乌鸦

天秤

γ

π

v

α

唧筒

罗盘

船尾

半人马

船帆

红鳞大蟒　盘踞在七绝山的一条巨蟒，眼睛像灯笼，蛇信子吐出似两条枪，巨大无比。后被孙悟空钻入肚中用金箍棒戳破脊背而死。

四明铲　黄狮精的武器。四明铲的铲刃接近一段 60° 的弧线，与六分仪为圆周的六分之一相合。"四明"指日、月、星、辰，六分仪则是测量日月星辰角距离的天文仪器。

风口袋　《西游记》第四十五回，孙悟空与虎力大仙斗法求雨时，风婆婆执掌风口袋，巽二郎负责札解口绳。风口袋上是"巽"卦符号，代表风。真空泵从容器中排出气体形成风，风口袋则能源源不断地吹出风来。

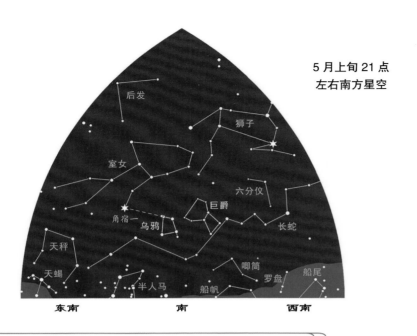

5月上旬21点
左右南方星空

后发

狮子

室女

六分仪

巨爵

角宿一 乌鸦

长蛇

天秤

天蝎

半人马

船帆

唧筒

罗盘

船尾

东南　　　南　　　西南

巨爵座　乌鸦座

初识星空

　　春季星空中最明显的标志莫过于连接北斗斗柄、大角和角宿一的春季大弧线了。如果我们将这条优美的弧线继续向西南延伸，就能在南天低空看到由四颗三等星组成的一个不规则四边形，在周围杂乱无章的暗星衬托下较为显眼，这就是乌鸦座。其中的 γ 和 δ 两星的连线正指向室女座的角宿一。

　　巨爵座在乌鸦座西边，主要特征也是一个歪斜的小四边形，但都是四、五等小星，不易辨认。

历史与神话

　　乌鸦座与巨爵座，好像被长蛇座背在背上，那么它们之间是否有联系呢？据说阿波罗派乌鸦带着一个杯子去取祭祀用的泉水。乌鸦在泉边发现了几棵果实尚未成熟的无花果树，几天后果实成熟了，乌鸦饱餐后才去取水。为了掩盖过失，它抓了一条蛇去见阿波罗，并声称蛇每天都将泉水喝光，使自己无法取水。阿波罗识破了它的谎言，愤怒地将乌鸦、杯子和蛇扔向天空，于是就有了乌鸦、巨爵和长蛇三个星座。每到无花果成熟的季节，乌鸦就会因为嗓子疼痛而无法喝水。在星空中，长蛇负责阻止乌鸦喝杯子里的水，乌鸦总是啄蛇的尾巴，希望有机会喝到水，虽然杯子近在咫尺，却又遥不可及。

经典图像

　　乌鸦与巨爵都在长蛇背上。巨爵座是一个两边带耳的大口杯，外形类似体育比赛的奖杯。乌鸦总是朝向巨爵，双翅朝上竖起，低头啄食着长蛇的身体。

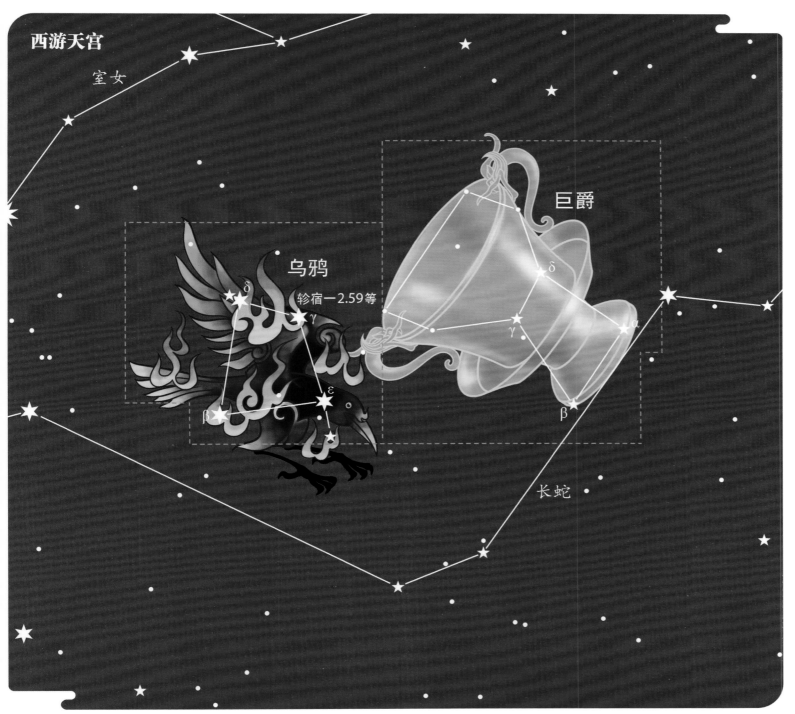

西游天宫

室女

乌鸦

轸宿一 2.59 等

δ

γ

β

ε

巨爵

δ

α

γ

β

长蛇

琉璃盏

或称玻璃盏，是一种制作精美，用于盛酒或其他液体的器物。沙和尚因在蟠桃会上失手打碎琉璃盏而被贬下界。

火鸦

火德星君的火具之一。《西游记》第五十一回，孙行者的金箍棒被独角兕大王用金刚琢套走后，上天请来火德星君助阵。火德星君传号令，火部众神齐放火，火龙、火马、火鸦、火鼠、火枪、火刀、火弓、火箭一起施威，燂（hàn）天炽地，烈火飞腾。但那妖魔全无惧色，将金刚琢望空抛起，唿喇一声，把所有火具一圈子套走了。

★ 1534 年约翰内斯·舍纳天球仪上的巨爵座。

**6月上旬21点
左右南方星空**

东南　　　南　　　西南

初识星空

　　春夏之交是观看半人马座与豺狼座的最佳时节，但它们位置偏南，在中国北方观测困难。入夜后，我们需要找一个南方地平线上没有障碍物遮挡的地方，当豺狼座位于正南时，我们差不多能窥见它的全貌。但要完全目睹半人马座的风采，特别是璀璨的南门二和马腹一，要到华中南部区域才有可能，由于地平线附近的遮挡和灯光，要真正欣赏这两颗南天著名亮星，最好还是到更靠南的广东、广西和海南了。

历史与神话

　　在希腊神话中，半人马座是人马族中拥有多种技能并培养出多位希腊英雄的贤者喀戎。赫拉克勒斯去拜访喀戎时，与他一起检查浸泡过九头蛇鲜血的毒箭，一支箭意外落到了喀戎的脚上，因此导致了他的死亡。宙斯将喀戎升入天界，成为半人马座。

　　豺狼座原本是半人马座的一部分，是喀戎捕获的猎物，正准备放在旁边的祭坛（天坛座）上献祭给诸神。最初希腊人只是称其为"野兽"，托勒密把它设定为"狼"，而阿拉伯人则把它看作一头母狮。在文艺复兴时期的星图中，它最终定型为半人马矛尖上的一匹狼。

经典图像

　　半人马座与豺狼座常被作为一个整体来表现，半人马手握长矛刺向东边的豺狼，而豺狼则四脚朝天，像是被挑在矛尖之上。

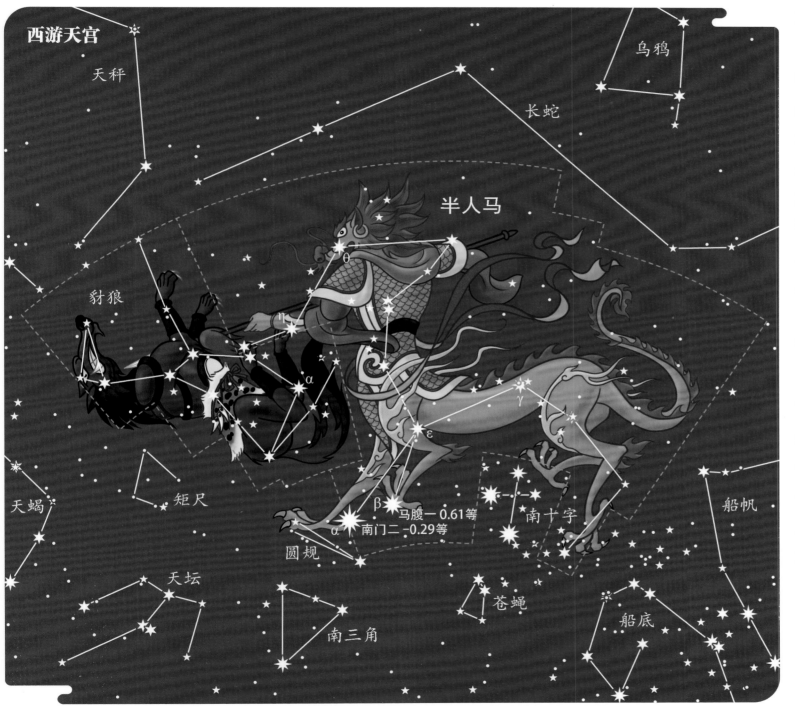

西游天宫

乌鸦

天秤

长蛇

半人马

豺狼

θ

η

α

γ

ε

δ

天蝎

矩尺

圆规

β 马腹一 0.61等

α 南门二 −0.29等

南十字

船帆

南三角

苍蝇

船底

天坛

角木蛟

二十八宿星神之一。二十八宿作为一个整体在《西游记》里多次出现，无论是捉拿齐天大圣的天兵天将，还是猴子搬来的救兵，都少不了他们。角木蛟在第九十二回作为"四木禽星"之一，帮助孙悟空擒拿三只犀牛精。半人马座的主要亮星都属于中国星座系统中的角宿统辖。

铁背苍狼怪

隐雾山折岳连环洞小妖，为南山大王献分瓣梅花计，将孙悟空兄弟调开捉住唐僧，被封为先锋。接着又两次用假人头冒充唐僧头，企图蒙混过关，一度使三兄弟嚎啕大哭。最后悟空等杀入妖洞，混战中将它一棒打死。

55

夏季星空

第四篇

北纬35°附近的夏季星空

星空亮点

夏夜清风徐来，浩瀚的银河从北向南横贯天际，为夜空增添了一道亮丽的风景线。今天人们知道，银河其实是一个至少包含 1000 亿颗恒星的巨大天体系统，我们称之为"银河系"。太阳和夜空中可见的每一颗恒星都是银河系的成员。邻近的恒星我们凭肉眼尚能区分，而那些太过遥远的恒星，眼睛无法区分，它们在天球上投下一条白茫茫的光带。古希腊人认为那是天后赫拉喷溅的乳汁，中国古人则想象为天上的一条河，称为银河、天河、天汉、银汉等。

夏夜南方地平线上的一段银河，最为辉煌灿烂，那便是银河系中心的方向，一个由无数恒星和气体组成的宇宙都市隐藏其中。八颗亮星组成一把形态逼真的"茶壶"正位于这段银河近旁，它就是人马座的主体，人马的其他部分相对暗淡不显，在古典星图中他弯弓搭箭，仿佛正要射穿西边天蝎座的心脏。

★ 北半球中纬度的夏夜银河（2016 年 5 月 12 日戴建峰摄于安徽黄山）

天蝎座的主要亮星排列成 S 形，好似一只卷曲着尾巴随时可能发起攻击的毒蝎。蝎子心脏处恰有一颗光彩夺目的红色亮星，它就是著名的心宿二，亦称大火。《诗经》里有"七月流火，九月授衣"的句子，这里的"火"并不是形容天气炎热，而是指心宿二大火，流火就是大火星逐渐向西边下落。这个现象预示着暑热已退，寒冷的季节就要来到，所以接下来的九月就要加衣服了。《西游记》里有一句"寒蝉鸣败柳，大火向西流"，说的也是这个意思。

天蝎座上方是蛇夫座，它是希腊神话中医神阿斯克勒庇俄斯的化身；这位医神手中握着一条大蛇，就是巨蛇座。与蛇夫头对头，倒立在夜空中的是武仙座，这位武仙正是希腊神话中闯过十二道难关升格为神的大力士赫拉克勒斯。与赫拉克勒斯显赫地位不相称的是，武仙座缺乏亮星，在夜空中并不起眼。

武仙座西边有七颗小星围成半圆形，就像一顶镶满珠宝的华丽王冠，这就是北冕座。与北冕座一样娇小可爱的还有海豚座，这个袖珍星座位于银河东岸，4 颗星组成一个小菱形，是海豚的头，菱形下面一颗星代表海豚的尾巴。这几颗星虽并不算明亮，但亮度相近，又挤在一起，还是易于辨认的。

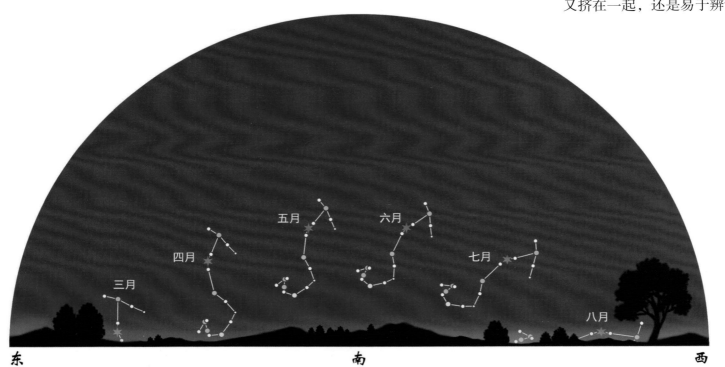

三月　四月　五月　六月　七月　八月

东　　　　　　　　　　南　　　　　　　　　西

★　左图为距今 3000 年前的西周初期，黄河流域农历三月至八月黄昏后大火星的位置。可见七月立秋后红色的大火星逐渐西沉，即所谓"七月流火"。农历八月，日落后大火星也会随之落入地平线下，此时就需要准备御寒的衣物了。

不过，夏季夜空真正的主角，还需要我们沿着人马、天蝎方向的银河向东北方寻找，你会看到三颗实力超群的亮星形成一个大直角三角形，这就是著名的"夏季大三角"，即使在大都市严重的光污染下依然清晰可见。三颗星中位于直角端的是织女星，它也是夏夜最亮的恒星，此刻在天顶正中散发着皎洁的光芒。织女附近4颗小星组成一个平行四边形，是神话中织女织布用的梭子，它们加上织女星就是西方的天琴座。牛郎星位于银河东岸，隔着银河与织女遥遥相望；牛郎两边各有一颗稍暗的星，被认为是牛郎织女的一对儿女，这三颗星也是天鹰座的主要标志。夏季大三角中稍暗一些的是天津四，此刻它正浸润在天顶附近的银河中。天津四往南的银河中，几颗星和它一起组成一个大十字，天津四位于十字的顶端。这个十字加上附近几颗稍暗的星，就幻化成一只高贵的天鹅，展翅翱翔于银河之上。

★ 牛郎织女的传说在中国可谓家喻户晓。在没有电视和互联网的时代，夏夜纳凉时，总会有长辈指着星空为孩子们讲述那个流传千古的故事。有人说织女旁边的四颗星是织女常备在身边的织布梭子；另有人说牛郎东北方海豚座头部的四颗星是个小梭子，它们是织女隔河抛给牛郎的信物，可惜抛得不准；还有人认为组成天鹅座翅膀的那些星星就是喜鹊搭起的鹊桥，帮助牛郎织女渡过迢迢银汉共赴佳期。

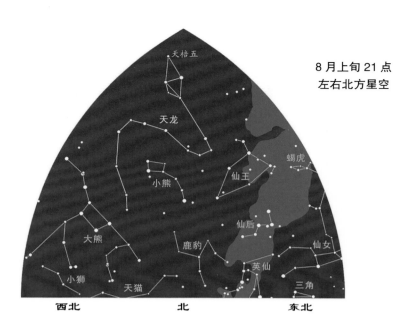

8月上旬21点
左右北方星空

天栖五

天龙

蝎虎

仙王

小熊

大熊

鹿豹

仙后

仙女

小狮

天猫

英仙

三角

西北　　　北　　　东北

天龙座

初识星空

　　围绕小熊座的是蜿蜒曲折的天龙座。这个星座并不算小，最显著的特征是龙头部三颗星与邻近的天栖五（武仙座ι）组成一个菱形，在某些牛郎织女故事中，它被认为是织女留在天庭的一把大织布梭。天龙座与大熊和小熊一样常驻北半球夜空，当其他恒星东升西落的同时，它们永远围绕北天极不停地旋转，在北半球中高纬度地区几乎不会落入地平线下。

历史与神话

　　在赫斯珀里得斯姐妹的圣园里有一棵珍贵的苹果树，树上结满了金苹果，它是大地女神盖亚送给宙斯与赫拉的结婚礼物。赫拉派了一条从不睡觉的凶恶巨龙"拉冬"守卫着金苹果树。

　　大英雄赫拉克勒斯为了弥补自己犯下的过错，需要完成12项"不可能完成"的任务，其中第十一项就是摘取圣园里的金苹果。最终他杀死了巨龙，成功取得了金苹果。赫拉将死去的巨龙置于星空中。

★　1570年印度比贾普尔苏丹国的波斯语占星著作《科学之星》手稿中非常中国化的天龙座（都柏林切斯特比蒂图书馆藏）。

经典图像

　　经典的天龙座图像并没有欧洲龙常见的翅膀，也没有四肢，身体盘绕出三个或更多的圈，看上去更像是一条长着龙头的蛇。

西游天宫 天鹅

仙王

天龙

天棓四 2.23 等

γ

β

δ

ζ

η

小熊

武仙

大熊

东海龙王敖广奉玉帝之命掌管东海，是四海龙王之首，水族之长。在《西游记》《封神演义》《八仙过海》等小说和民间故事中，东海龙王常被塑造为法力不高、被主角戏弄的角色。这与西方神话中龙的命运相似，为了衬托英雄的强悍，原本不可战胜的巨龙，往往沦为被屠杀的对象。

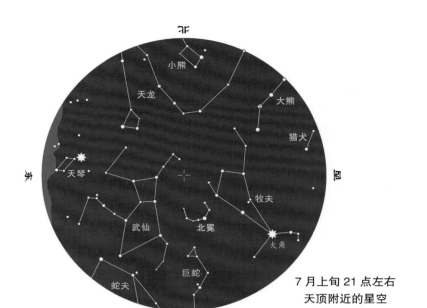

7月上旬21点左右
天顶附近的星空

初识星空

　　沿着北斗斗柄末端两星的连线向东南方寻找，或朝大角星东北方向看，我们会发现有七颗小星围成大半个圆弧，这就是小巧玲珑的北冕座，它像是镶嵌着璀璨宝石的黄金冠冕。它虽然很小，却非常引人注目，世界各地的人们不约而同地把它视为一个星座，但想象成什么就见仁见智了，水井、车轮、锅、马蹄铁、鼓、项链、洞穴等等，总之是圆的就对了。

历史与神话

　　星空中的这顶冠冕属于克里特岛国王米诺斯的女儿阿里阿德涅，它由火神赫菲斯托斯用黄金花束编制而成，上面装饰着华丽的珠宝。有人说这是维纳斯和季节女神送给阿里阿德涅的新婚礼物，后来被她的丈夫酒神狄俄尼索斯置于星空之中。作为新婚礼物的冠冕，其实就是一顶花冠，由鲜花、叶子、藤蔓等编织而成，有时也用黄金或其他贵重金属打造而成。有人说阿里阿德涅是第一位佩戴花冠的新娘，如今西方仍保留着新娘在婚礼上佩戴花冠的传统。

经典图像

　　早期的星座图像中，北冕座常以花冠的形象出现，但今天人们熟悉的北冕座图像已经变为一顶金色的王冠。

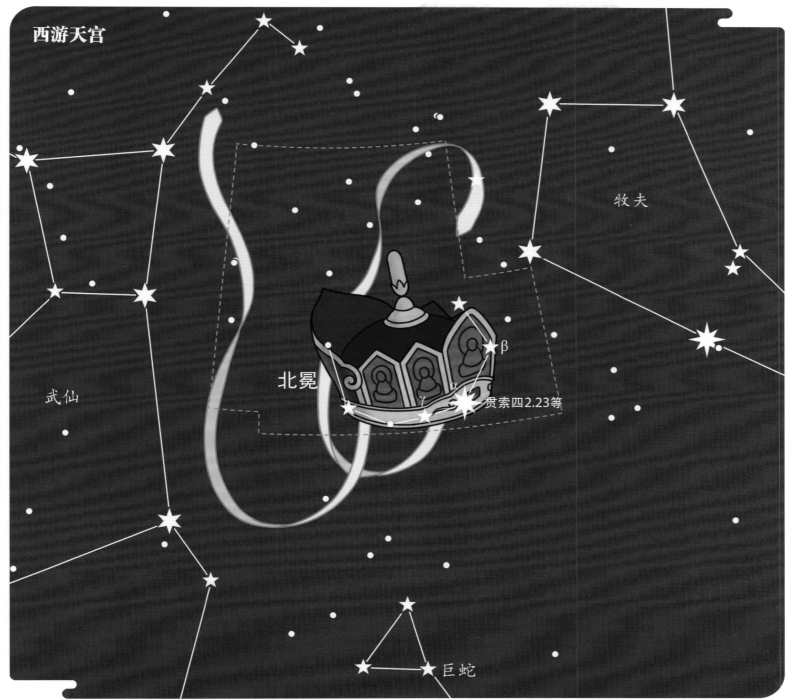

西游天宫

牧夫

武仙

北冕

γ

β

贯索四2.23等

巨蛇

毗卢帽

　　唐太宗赐予唐僧的僧帽，是戏剧和影视作品中唐僧的标志。这类冠帽上饰有毗卢遮那佛小像，故名"毗卢帽"。据说这种冠式起源于萨珊波斯的王冠，欧洲各国的王冠也与此同源，难怪毗卢帽与北冕座的王冠造型有些像呢。

★　在帖木儿帝国君主兀鲁伯（又译"乌鲁伯格"）（1394—1449）使用的《恒星之书》中，北冕座被描绘成一个瓷碗，这是因为阿拉伯人将北冕座的星星视为一个破损的碗。

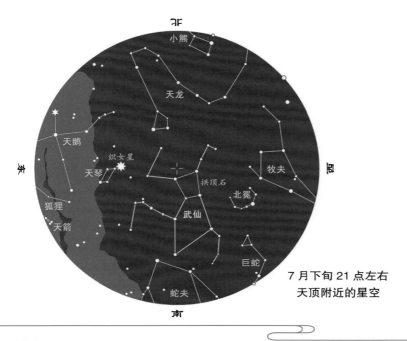

7月下旬21点左右
天顶附近的星空

初识星空

要定位武仙座，我们需要先找到织女星，然后向它西边寻找，在织女星与北冕座中间，有四颗星组成不太规则的梯形，称为"拱顶石"或"基石"，它们就是赫拉克勒斯的腰部，在它们南边还有两颗亮度接近的星，代表大力神的两个腋窝，六颗星连起来好像一只翩翩起舞的蝴蝶，这只蝴蝶南边还有一颗星就是大力神的头部了。至于他的四肢，就需要你在暗夜环境中对照星图仔细寻找了。

历史与神话

最初人们称这个星座为"跪立者"，并用"幻影"来形容他，认为他像一个努力工作的人。没有人知道他是谁，他一只脚踩在天龙座的头上，单膝跪地似乎已不堪重负。

后来的神话学家将它与希腊神话中大名鼎鼎的大力神赫拉克勒斯联系在一起。这位大英雄完成了包括扼杀涅墨亚巨狮、杀死九头蛇许德拉、清理奥革阿斯的牛棚、夺取金苹果、制服地狱犬等十二项艰巨任务，从而升上天界与众神比肩。

★ 公元前515—前510年，古希腊双耳瓶上的赫拉克勒斯扼杀涅墨亚巨狮的图案。

经典图像

在古典星图中，武仙座常常身披狮皮，右腿单膝跪地，右手高举木棒，左手握一束苹果枝，象征摘取金苹果的任务。有时苹果枝中还缠着一条三头怪蛇，不过星图绘制者却称它为"地狱犬"。

西游天宫

蛇夫

巨蛇

天市右垣一2.8等 β

北冕

牧夫

武仙

α

δ

μ

π

η

天琴

天鹅

东胜神洲傲来国花果山仙石所化，被众猴尊为"美猴王"。为求长生，远涉天涯，拜入须菩提祖师门下，法名"孙悟空"，习得七十二般变化和筋斗云，返回花果山。他在东海龙宫取得如意金箍棒，又大闹地府勾去生死簿，被玉帝招安封为弼马温，后得知官小反下天宫，自称"齐天大圣"。后来他大败天兵天将，获封齐天大圣的空衔，掌管蟠桃园，却又偷吃蟠桃，搅了蟠桃会，再次反下天庭，大闹天宫，被压五行山，后保唐僧西天取经。赫拉克勒斯是希腊神话中最伟大的英雄，在西游宇宙中恐怕只有孙悟空能与其相提并论，两人打怪升级的故事套路也很相似。赫拉克勒斯夺取金苹果，孙大圣偷吃蟠桃，这种对应关系更是趣味盎然。

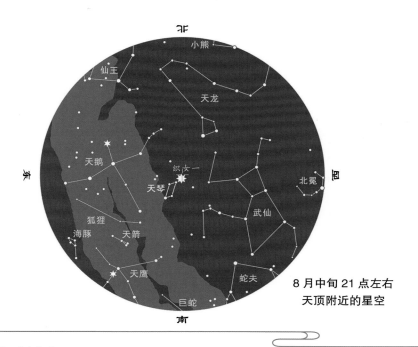

8月中旬21点左右
天顶附近的星空

初识星空

　　夏夜银河纵贯南北，天顶附近的银河岸边有一颗明亮的恒星，发出皎洁的白光，即使在光污染最严重的城市依然清晰可见，它就是中国人家喻户晓的织女星，正式的中国星名为"织女一"。阿拉伯人称其为"坠落的鹰"，它的西方名称 Vega 即源于此。织女旁边的四颗小星组成一个平行四边形，人们认为这就是织女织布用的梭子。织女与梭子构成了西方天琴座的主体。

历史与神话

　　天琴座的拉丁文学名 Lyra，意思是七弦琴，或者音译为里拉琴，有时也被称为诗琴或竖琴等。

　　希腊神话中的商业、小偷和畜牧之神赫尔墨斯还在襁褓中时，杀死了一只小乌龟，并将它掏空制成一把七弦琴。赫尔墨斯偷盗阿波罗的牛群被发现后，为了得到宽恕，他将七弦琴送给了阿波罗。阿波罗又将七弦琴转赠给凡人俄耳甫斯，并向他传授了演奏技巧。俄耳甫斯成为伟大的乐手，他的乐曲甚至能引来野兽倾听。但俄耳甫斯得罪了神，最终身首异处，缪斯女神将他心爱的七弦琴放置在群星之间。

经典图像

　　神话中的里拉琴由乌龟壳与一对牛角制成，但今天常见的天琴座图案只是一把普通的七弦琴，按照托勒密的描述，七弦琴倒置在夜空中。因为织女星的名称与鹰相关，所以也常见鹰与琴组合的图像。

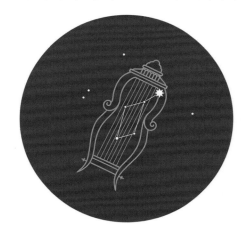

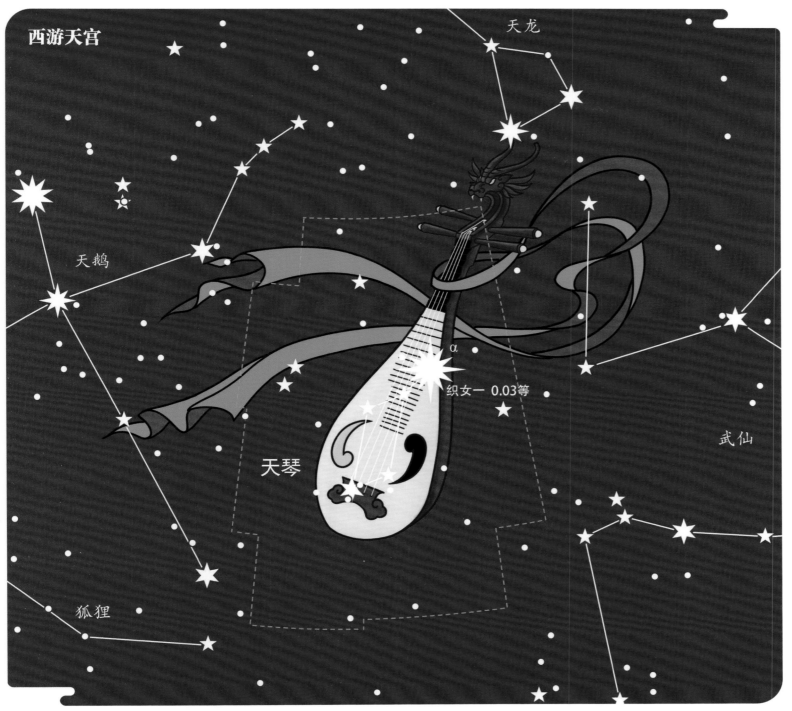

西游天宫

天龙

天鹅

天琴

α

织女一 0.03 等

武仙

狐狸

东方持国天王的法器"琵琶"。1986 版电视剧《西游记》中，天兵天将围剿花果山，持国天王弹起琵琶，令美猴王与一众猴兵头疼欲裂。七弦琴是西方最早的弹拨乐器，也是西方音乐的象征；而琵琶是中国最重要的弹拨乐器，被誉为"民乐之王"，两者在中西乐器中都各有重要地位。

★ 1541 年约翰内斯·洪特星图中，天琴座是一把早期吉他类乐器。说起来吉他和琵琶有着共同的祖先，难怪明清时期曾将天琴座翻译为"琵琶"呢。

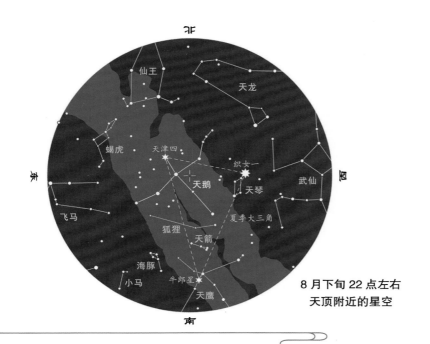

8月下旬22点左右
天顶附近的星空

初识星空

由织女星、牛郎星和天津四组成的"夏季大三角"，在仲夏时节的傍晚位于天顶附近，即使在城市的万家灯火中依然清晰可见。在光污染较小的郊外，还能看到银河由北向南穿越大三角横贯夜空。天津四正位于银河之中，它与同样在银河中的几颗星组成一个大十字，中国民间认为它是七夕时为牛郎织女搭鹊桥的喜鹊，称为喜鹊星。古希腊人则将其想象成一只沿着银河由北向南飞翔的天鹅。

历史与神话

天鹅座的故事有很多版本，其中之一是：宙斯爱上了复仇女神涅墨西斯，他定计让阿芙洛狄忒变成鹰，自己变作一只天鹅，似乎为了躲避老鹰，他一头冲向涅墨西斯，女神出于怜悯将天鹅拥入怀中，但宙斯乘她熟睡之际奸污了她。涅墨西斯产下一枚蛋，赫耳墨斯把它交给了斯巴达王妃勒达，蛋中孵化出一个女孩叫作"海伦"，后来引发了特洛伊战争。宙斯把他和阿芙洛狄忒的化身升入天界，成为天鹅座和天鹰座。在另外的版本中，宙斯变成天鹅是为了诱惑勒达。

经典图像

在古典星图中，天鹅座总是展开双翅，伸直脖子，身体呈十字姿态。正如翱翔于九天的天鹅，凡人只能仰望其腹部一样，星图中的天鹅也以腹部面对我们。

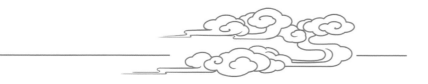

西游天宫

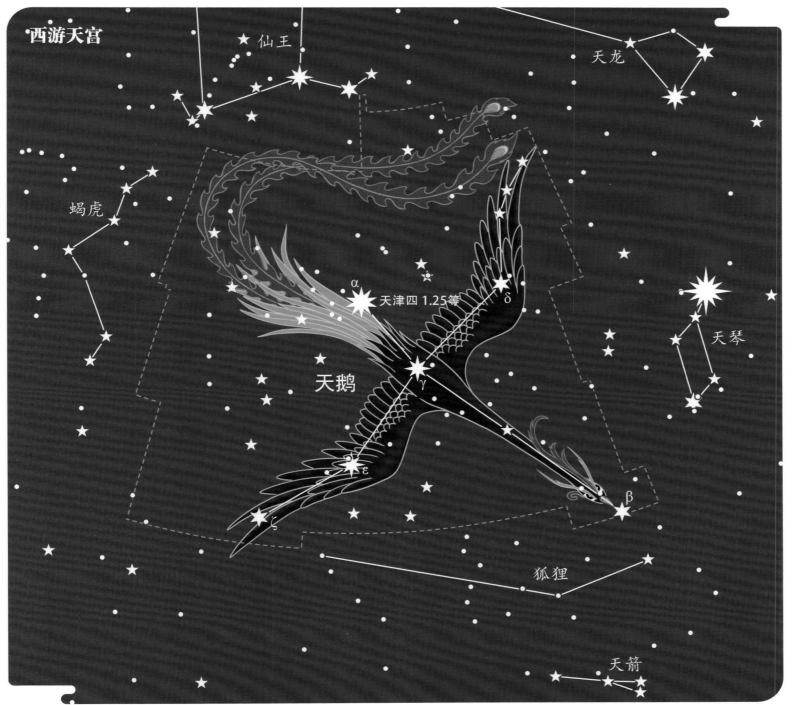

仙王

天龙

蝎虎

α 天津四 1.25等

δ

天鹅

γ

天琴

ε

β

ζ

狐狸

天箭

青鸾

神话中一种类似凤凰的神鸟。《西游记》中，仙山福地常有青鸾生活其中。《西游记》中也提到过天鹅，牛魔王被孙悟空和猪八戒合力斗败后，就曾变作一只天鹅逃命。但青鸾显然是一种更具中国奇幻色彩的神鸟。

★ 1656 或 1657 年，在今巴基斯坦拉合尔制造的天球仪上的天鹅座图像（英国维多利亚与艾伯特博物馆藏）。

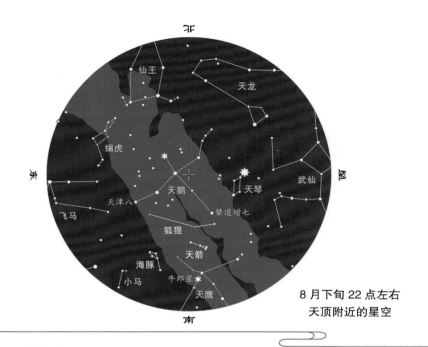

8月下旬22点左右
天顶附近的星空

狐狸座　天箭座　海豚座

初识星空

这是三个位于天鹅座与天鹰座之间的小星座。最好分辨的是海豚座，它位于银河东岸，牛郎星的东偏北方向，四颗小星组成一个小菱形。这些恒星虽然暗弱，但簇拥在一起，还是一个相对比较明显的目标，寻找起来并不算困难。这个小菱形就是海豚的头，南边不远处还有一颗亮度相当的星代表海豚的尾巴。海豚座西边，牛郎星的正北方，淡淡的银河中有四颗小星组成了一个躺倒的 Y 字形，这就是天箭座了。海豚座和天箭座的北边，天鹅座左翼尖的天津八与天鹅头部的辇道增七南边，就是狐狸座的大致范围了。

历史与神话

狐狸座是赫维留设定的一个星座，最初叫作"狐狸与鹅座"。

普罗米修斯因盗取火种受到宙斯的惩罚，他被锁在高加索山上，一只鹰撕开他的胸腔吃掉肝脏，但夜里肝脏会重新长出来，第二天鹰又回来啄食，如此循环不已。直到有一天赫拉克勒斯到来，他一箭射死恶鹰，拯救了普罗米修斯，这就是天箭座的由来。

有一则关于海豚座的传说：希腊著名歌手阿里昂，在结束西西里岛的演出后载誉而归。在返回途中，船上的水手企图谋财害命。面对死亡威胁，阿里昂请求他们允许自己唱最后一首歌，水手们答应了，于是阿里昂一边弹着七弦琴一边演唱。美妙的天籁之音，引来一群海豚在船边徘徊，久久不肯离去。阿里昂唱罢纵身跃入大海，被海豚救起，载着他平安到达希腊海岸。

经典图像

赫维留的狐狸，嘴里叼着一只鹅，如今鹅已经不见了。天箭的箭头朝东，尾羽在西。海豚座呈S形，头部很大，加上皱巴巴的皮肤和鱼鳍，与身体呈流线型、皮肤光滑的海豚相去甚远。

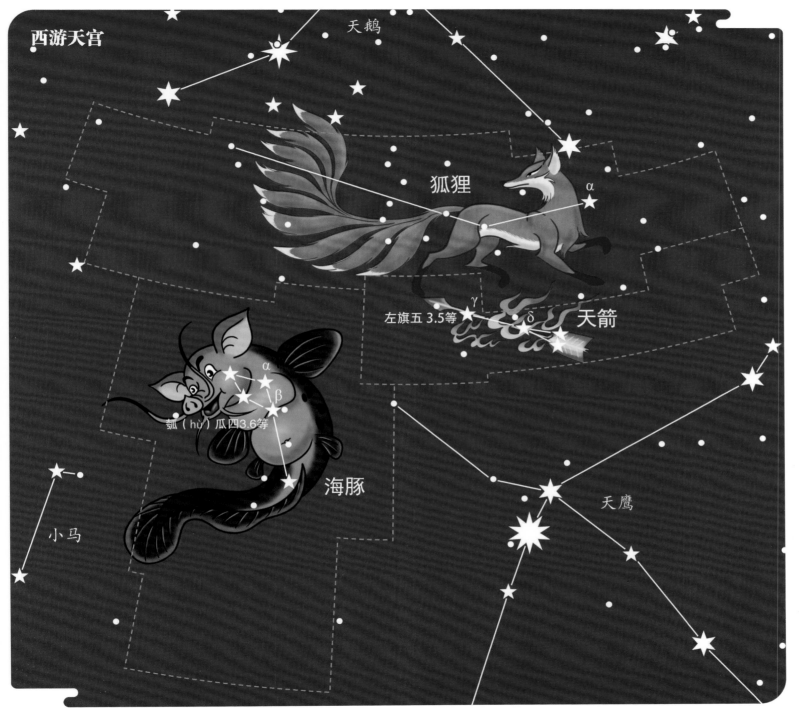

西游天宫

天鹅

狐狸

α

左旗五 3.5等

γ

δ

天箭

α

β

瓠（hù）瓜四 3.6等

海豚

小马

天鹰

九尾狐

《西游记》里的九尾狐不是如妲己一般魅惑帝王的狐妖，而是金角大王与银角大王的干娘，刚一出场就被行者一棒打死。

火箭

火德星君的火具之一。

八戒鲇鱼

猪八戒所变鲇鱼，钻入濯垢泉欲调戏七个蜘蛛精。猪头鱼身的造型，恰似学艺不精的八戒；只变出了鱼的下半身，上半身还是一个猪头，这个形象大概可以叫作"鱼豚"。实际上猪头造型的海豚座并非笔者首创，奥地利维也纳国家图书馆收藏的一份约1440年的手稿中就有猪头鱼身的海豚座图像。

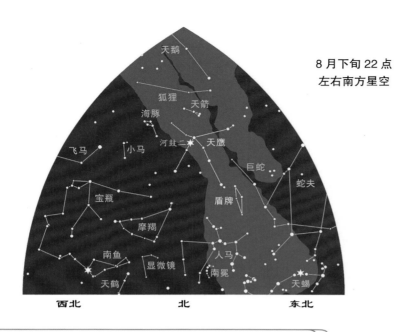

8月下旬22点
左右南方星空

西北　北　东北

初识星空

"夏季大三角"横跨在银河之上，我们已经认识了其中的织女星与天津四，另一个角的牛郎星（正式的中国星名为"河鼓二"）位于银河东岸，隔着银河与织女遥遥相望，似乎期待着跨过银河与织女共度佳期。牛郎两边各有一颗稍暗的星，官方名为"河鼓"，意思是银河边的军鼓，民间俗称"扁担星"，两颗小星代表牛郎和织女的一双儿女。阿拉伯人将这三颗星视为一只展翅飞翔的鹰，河鼓二的西方名称 Altair 即源于此，这三颗星正是天鹰座的主体。天鹰座西南是沉浸在银河深处的盾牌座，相对暗淡难寻。

历史与神话

在古希腊神话中鹰是宙斯的象征，它是鸟类之王，只有鹰敢于飞向太阳，而不屈服于耀眼的光芒。有人说，宙斯在准备与泰坦开战时，一只鹰在宙斯献祭时出现在他面前，这是一个有利的征兆，于是宙斯将这只鹰放置在星空中。

公元前 1000 年，巴比伦《穆拉品》中就有鹰星座，并且很可能对应河鼓三星。后来两河流域的星座向周边区域传播，不仅出现了希腊的天鹰，埃及人也认为这些恒星是荷鲁斯化身的隼。阿拉伯人与波斯人把它们当作鹰、秃鹰或游隼之类的猛禽。印度人将它们与迦楼罗（金翅鸟）联系起来。

盾牌座最初叫作"索别斯基盾牌座"，是赫维留为纪念波兰国王扬·索别斯基于 1683 年率部击败土耳其大军、解除了维尔纳之围设立的。

经典图像

经典的天鹰座图像中，河鼓三星位于鹰的脖子或背部，尾部朝向武仙座的苹果枝，双翼分别指向盾牌座和海豚与天箭方向。盾牌座是一面上方下圆的金属盾牌，中央有一个十字图形。

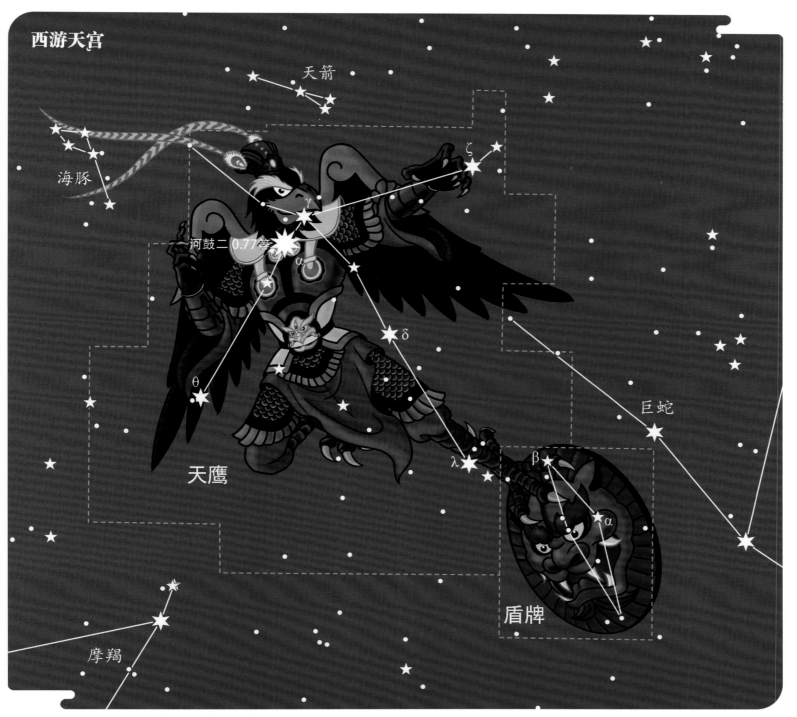

西游天宫

天箭

海豚

河鼓二 0.77等

ζ

γ

α

δ

θ

天鹰

λ

β

α

盾牌

巨蛇

摩羯

又称"云程万里鹏",为凤凰所生,占据狮驼国为王;为吃唐僧肉与狮驼岭的青狮、白象二魔头结为兄弟,后被如来收服,在佛祖头上光焰中充当护法。《西游记》中的金翅大鹏,是佛教天龙八部之一的迦楼罗与中国传说中大鹏鸟的结合。前面提及印度人将组成天鹰座的恒星看作迦楼罗,以金翅大鹏的形象来诠释天鹰座可谓无懈可击。

团牌

古代常见的一种圆形盾牌。

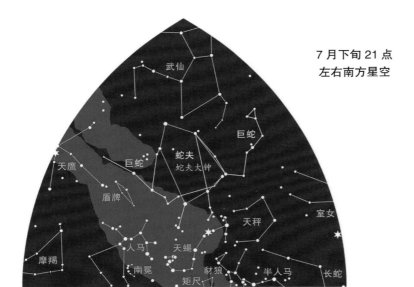

7月下旬 21 点
左右南方星空

东南　　南　　西南

蛇夫座　巨蛇座

初识星空

　　牛郎星西面有一颗 2 等星，它与牛郎、织女构成一个等边三角形。这颗星是蛇夫的头部，它与南边几颗星组成一个巨大的钟形，这就是蛇夫座的主体。黄道十二宫并没有蛇夫，但蛇夫座却是一个跨越黄道的星座，每年 11 月 29 日至 12 月 17 日，太阳在蛇夫座内运行。与蛇夫纠缠在一起难分彼此的是巨蛇座，1930 年，在国际天文学联合会确定的星座边界方案中，巨蛇座被蛇夫座分割为头尾两部分，一个星座分为两个不相连的部分，这是 88 星座中绝无仅有的。巨蛇的头在蛇夫西边高高耸起，朝向北冕座，巨蛇尾巴则深入银河之中，尾尖指向牛郎星方向。

历史与神话

　　阿波罗之子阿斯克勒庇俄斯医术高明，救活了很多濒临死亡的病人，使阴间的人口越来越少。这一来可气坏了冥王哈得斯，他向宙斯告状，诬陷阿斯克勒庇俄斯破坏了神界的秩序。宙斯一怒之下用雷电击毙了阿斯克勒庇俄斯。但后来宙斯觉得他是位仁慈的医生，将他打死实在于理不当，于是就把阿斯克勒庇俄斯置于群星之间，成为蛇夫座。星空中的阿斯克勒庇俄斯手中握着一条巨蛇，因为古希腊人把蛇蜕皮看作恢复青春。据说医神能使人死而复生，也是因为发现蛇可以用一种草使死去的同伴复活。

经典图像

　　蛇夫蓄着长须，身体近乎赤裸，双手握着一条粗壮的巨蛇。巨蛇首尾朝上，身体从蛇夫胯下穿过，它张着血盆大口，露出一嘴尖牙，吐出长长的信子，显得凶恶无比。

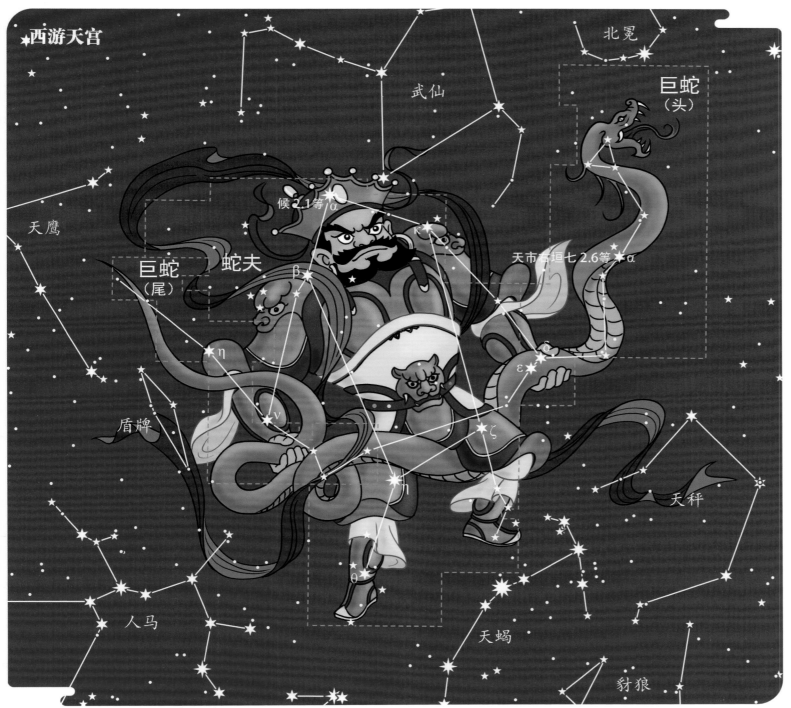

★西游天宫

北冕

武仙

巨蛇
（头）

天鹰

巨蛇
（尾）

蛇夫

候 2.1 等 α

κ

天市右垣七 2.6 等 α

β

η

盾牌

ν

ζ

η

天秤

θ

人马

天蝎

豺狼

西方广目天王

　　四大天王之一。四大天王本为佛教的护法天神，他们的神像通常分列佛教寺庙第一重殿的两侧，此殿也因此称为天王殿。在《西游记》中，四大天王变成了天庭神将，曾参与讨伐花果山，却被孙悟空打败。广目天王在小说中负责镇守西天门，法宝是他手中握着的蛇。天王持蛇与蛇夫和巨蛇的星座形象完美契合。

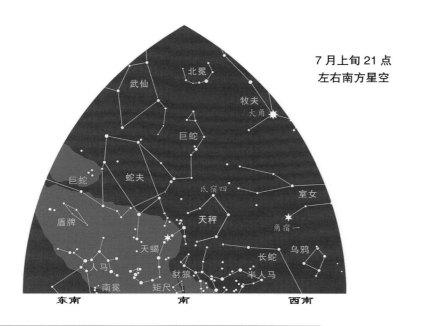

7月上旬21点
左右南方星空

武仙
北冕
牧夫
大角
巨蛇
蛇夫
巨蛇
氐宿四
室女
盾牌
天秤
天蝎
角宿一
人马
豺狼
矩尺
乌鸦
长蛇
南冕
半人马

东南　　　　南　　　　西南

初识星空

6、7月的傍晚，天秤座位于南天正中。不过天秤座内并没有特别明亮的恒星，其最亮的氐宿四（天秤座β）与大角、角宿一、五帝座一组成的春季大三角，构成一个近似菱形的图案，我们可以利用这一方法来定位天秤座。按照恒星光谱，氐宿四应该是一颗蓝白色的恒星，但很多观测者却将其描述为唯一一颗肉眼可见的绿色恒星，这个问题至今还没有一个被普遍接受的解释。

历史与神话

在很长一段时间，古希腊人并没有把天秤视为一个独立星座，这些恒星被认为是东边天蝎座伸出的两只巨螯或称"爪子"。现在天秤座α和β两星，分别称为 Zubenelgenubi 和 Zubeneschamali，就是阿拉伯语"南方的螯"和"北方的螯"之意。但天秤之名在古代的美索不达米亚就已经出现，公元前 2000 至前 1000 年间，秋分点就在今天的天秤座内，昼夜平分现象可能促进了天秤座的出现。古罗马作家许吉努斯在《天文的诗歌》中指出：黄道有十二宫，但黄道星座只有十一个，因为天蝎座身躯庞大，占据了两个黄道宫的长度，所以人们称它的前部为天秤座，其余部分为天蝎座。

天秤象征公平与正义，是正义女神阿斯翠亚所执掌的天平，用来衡量人间的善与恶。

经典图像

天秤座是一个手提式天平。构成天平主体的四颗星中，天秤座α和β被认为是天平的衡梁，天秤座γ和σ则象征秤盘。

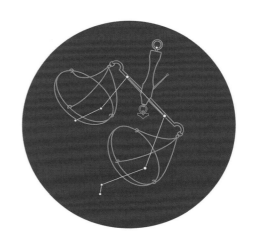

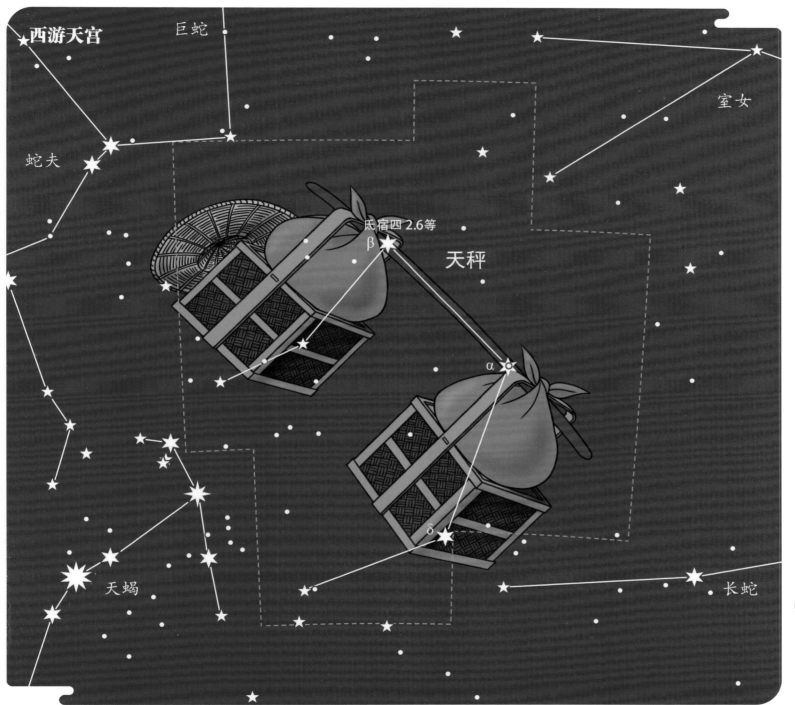

西游天宫

巨蛇

室女

蛇夫

氐宿四 2.6等

β

天秤

α

δ

天蝎

长蛇

行李担

装着唐僧师徒四人行李的担子。1986 版电视剧《西游记》中，这个担子总是由老实人沙僧挑着，不过原著中八戒也时常负责挑担子。《西游记》中没有天平，而挑担子需要保持两头物体的重量均衡，这与天平称量物体的做法类似。

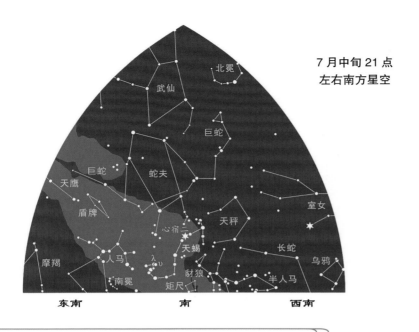

7月中旬21点
左右南方星空

北冕
武仙
巨蛇
巨蛇
蛇夫
天鹰
盾牌
室女
心宿二
天秤
天蝎
长蛇
摩羯
人马
λ
乌鸦
υ
豺狼
半人马
南冕
财狼
矩尺

东南　　　南　　　西南

天蝎座

初识星空

　　天蝎座堪当夏季星空的代言人。傍晚，当你在南方低空看到它时，说明夏天已经来临。与那些名不副实的星座不同，天蝎座是少有的能分辨出形态的星座，你看那举起的双螯，蜷曲的蝎尾，可谓惟妙惟肖。蝎子心脏处的红色亮星名叫心宿二，也称"大火"，在中国传统星座中代表东方苍龙之心。西名写作 Antares，是对抗火星的意思，可见其红艳的光芒足以匹敌火星。天蝎尾巴尖端有两颗距离很近的亮星天蝎座 λ 和 υ，它们是天文爱好者常观测的一对双星，昵称"猫眼双星"，在中国民间有踏车星、姑嫂星、水瓶星等称谓。

历史与神话

　　自命不凡的猎人俄里翁向月亮女神阿耳忒弥斯吹嘘自己能够杀死大地上的所有生灵。不想，这引起了大地女神盖亚的愤怒，她派出一只毒蝎将自大的猎人蜇死。宙斯将毒蝎升入星空成为天蝎座，以提醒人们不要过于自大。阿耳忒弥斯出于对俄里翁的感情，恳求宙斯将俄里翁也升入天界，于是有了猎户座。也许是为了避免天蝎与猎户再次发生冲突，宙斯建立了这样一个秩序：当天蝎升起时，猎户就要落下；反之猎户升起，天蝎落下。

　　中国古代也有类似天蝎与猎户两者此起彼伏、永不相见的说法。猎户座的主体为"参星"，天蝎的心脏部分为"商星"，人们用"参商"来比喻彼此对立、不和睦、亲友隔绝或相互之间差别巨大。

经典图像

　　古希腊的天蝎座图案双螯前伸，整个天蝎在黄道上占据两个宫的位置。随着天秤座独立，天蝎的双螯缩到了身前，也相应变小了些。

西游天宫

蛇夫

巨蛇

心宿二 0.96等

α

天秤

人马

δ

天蝎

ε

λ

κ

θ

豺狼

曾在雷音寺听佛祖讲经，仗着有些法力，连如来也敢蛰。后躲到毒敌山琵琶洞，趁唐僧师徒途经女儿国时，用旋风卷走唐僧，欲成夫妻美事。孙悟空与猪八戒前来搭救师傅，却都被她用倒马毒扎伤，败下阵来。经观音菩萨指点，悟空上天请来昴日星官降妖，星官只叫了两声，就令那妖精现出本相当场死去，原来是个琵琶大小的蝎子精，真是一物降一物啊！八戒上前用钉耙将其捣成一团烂酱。

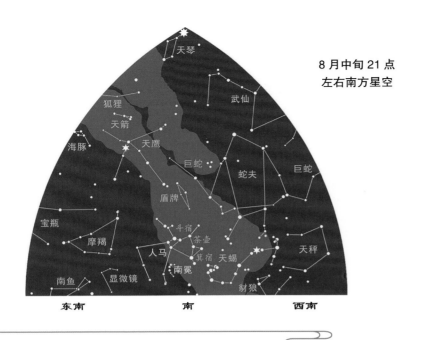

8月中旬21点
左右南方星空

天琴
武仙
狐狸
天箭
海豚
天鹰
巨蛇
蛇夫
巨蛇
盾牌
斗宿
茶壶
斗宿
宝瓶
摩羯
人马
其宿 天蝎
天秤
南鱼
南冕
显微镜
射狼

东南　　　　南　　　　西南

初识星空

人马座最显著的特征是八颗星组成的茶壶造型，如果再加上茶壶一南一北的两颗星，就有了中国古代的箕宿与斗宿。"维南有箕，不可以簸扬；维北有斗，不可以挹酒浆"指的就是它们，这里的"南"和"北"是指箕、斗的相对位置。实际上斗宿在古代也称南斗，它与北斗形状相似，但大小和亮度要逊色很多。人马座的其余部分相对暗淡，很难想象出弯弓射箭的半人马形象。

人马茶壶之下，接近地平线的位置，一串小星连缀成一个马蹄形，它就是南冕座，当然你也可以把它想象成泡制柠檬红茶时加入的柠檬片。

历史与神话

人马座的拉丁语为 Sagittarius，是"弓箭手"的意思，所以现在很多人称其为"射手座"。古希腊人将它想象成半人半马的怪物。在更早的美索不达米亚，这个怪物除了人的上半身和马的躯干及四肢外，还有一个狗头、一对翅膀及一条蟹尾，是一个彻头彻尾的"缝合怪"。这个异国形象被埃及人接受，公元前1世纪丹德拉地区的哈索尔神庙星图中，除了将它头上的巴比伦角冠换成了埃及式王冠外，其他几乎一模一样。丹德拉星图中，人马前腿下有一段圆弧，可能代表一条两头翘起的小船，它就是后来的南冕座。托勒密将南冕视为用花草编织成的花环，是人马赢得的桂冠，不小心从它头顶滑落下来。

经典图像

在古典星图中，人马座总是身披斗篷，弯弓搭箭瞄准西边的天蝎座。南冕座位于人马的前腿下方，有时它以花环的形态出现，有时又以王冠形象示人。

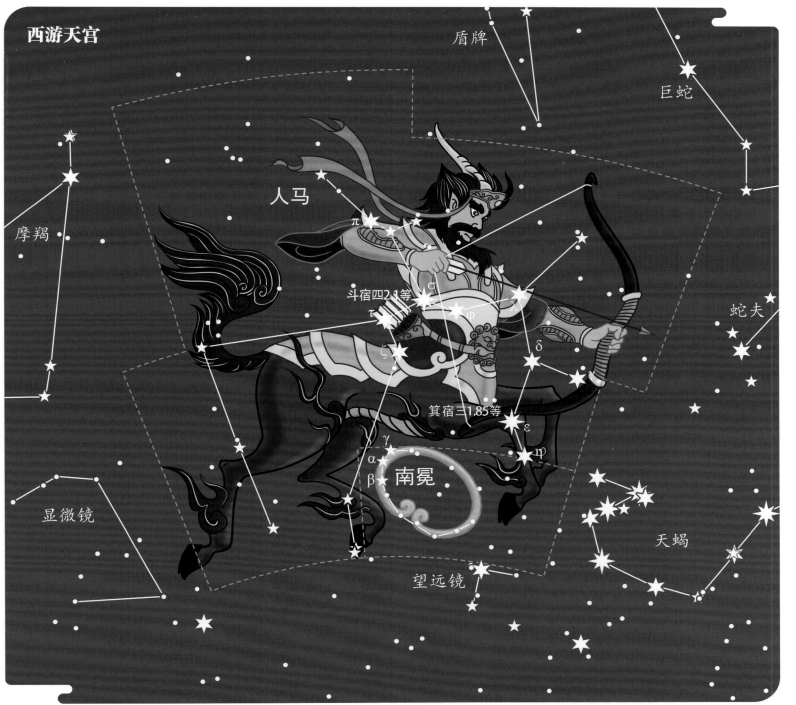

西游天宫

盾牌

巨蛇

人马

摩羯

蛇夫

斗宿四2.1等

π

σ

φ

λ

δ

τ

ζ

箕宿三1.85等

ε

ψ

显微镜

γ

α

南冕

β

天蝎

望远镜

　　为二十八宿星神之一，在中国星座中对应斗宿。唐僧在金平府观灯时，被三只犀牛精假扮的佛爷摄去，三个徒弟前往营救，结果八戒、沙僧被捉，孙悟空脱身后上天求救兵。斗木獬与角木蛟、奎木狼、井木犴"四木禽星"一起下界，将犀牛精剿灭。斗宿六星为人马座的主体，中国星座中属斗宿管辖的星官也多位于人马座，斗宿与人马在星空中交织在一起，难分彼此。

紧箍儿

　　本是如来的法宝，帮助唐僧制服不听使唤的徒弟。唐僧骗孙悟空戴在头上，此箍儿见肉生根，当唐僧念起紧箍咒时，孙悟空就会头痛欲裂。现在常用"紧箍咒"比喻束缚人的东西或使人烦恼、不自在的话。

秋季星空

第五篇

北纬35°附近的秋季星空

星空亮点

　　大火西流，天气渐凉，夜空舞台上明星依次退场，南方天空一片萧瑟寂寥。摩羯、宝瓶、双鱼在黄道上毗邻而居，奈何都暗淡无光，难识庐山真面目。不过俗话说秋高气爽，如洗的碧空还是很适合观星的，到远离城市光害的乡村去看看，相信星空不会令你失望。

　　秋季观星之前，让我们先来了解一下珀尔修斯英雄救美的壮举。故事大意是塞里福斯岛的国王波吕得克忒斯为了除掉珀尔修斯，命令他杀死蛇发女妖墨杜萨（又译美杜莎），在雅典娜等人的帮助下珀尔修斯成功砍下了墨杜萨的头颅，并在返回时从海怪口中救下了古埃塞俄比亚公主安德洛墨达。秋季星空中的英仙、仙女、仙王、仙后、飞马、鲸鱼等星座都与这个故事有关。

★　纽约大都会艺术博物馆收藏的一幅公元前1世纪末的古罗马壁画，为我们展现了珀尔修斯从海怪口中解救安德洛墨达的场景。画面中央是被锁在峭壁上的公主，右下方坐在岩石上的是悲哀无助的王后卡西奥佩娅。左下角巨大的海怪正欲吞噬公主，恰在此时身披斗篷高举镰剑的珀尔修斯从天而降。公主右边是国王克甫斯欢迎珀尔修斯的画面，这一幕暗示英雄和公主结合的美满结局。

熟悉了故事之后，让我们抬头看，在天顶附近偏南的位置有一个巨大的四边形格外醒目，它由 3 颗 2 等星和 1 颗 3 等星组成，这就是著名的"秋季四边形"或称"飞马大四边形"，象征飞马的躯干和双翼，这匹马名叫"珀伽索斯"，据说是珀尔修斯砍下墨杜萨头颅后，从其颈部飞出的白色翼马。

飞马大四边形东北角的星名叫"壁宿二"，实际属于仙女座，在它东北方向还有两颗与其亮度相当的星"奎宿九"和"天大将军一"，三颗星一字排开，是仙女座最显著的特征。这位仙女就是珀尔修斯所救，最后又喜结连理的安德洛墨达公主。奎宿九北面不远处，有一团肉眼看上去呈纺锤形的云雾状光斑，这就是仙女星系。数十亿年后它将与我们的银河系碰撞合并为一个超级大星系。

★ 仙女星系（李天摄）

仙女座东北的邻居英仙座，就是故事的主角珀尔修斯。英仙座最引人瞩目的是"大陵五"，它的亮度会周期性变化，据说是珀尔修斯提着的墨杜萨头颅上的魔眼。

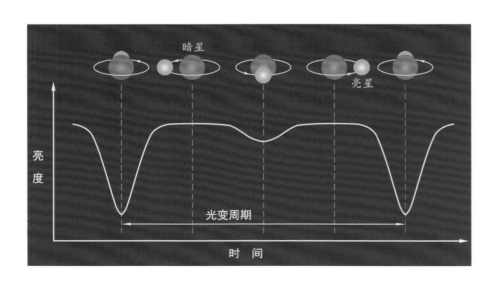

暗星　　　　　　　　　亮星

亮度

光变周期

时间

★ 大陵五每 2.87 天就会发生一次显著的光度变化，星等由 2.13 等降至 3.4 等，这类亮度会发生变化的恒星称为"变星"。天文学家研究发现大陵五是由两颗星组成的双星系统，两颗星相互绕转，主星较亮，伴星较暗。当伴星转到主星前面，挡住主星部分星光时，我们就会看到大陵五变暗了，当伴星被主星遮挡时，大陵五的亮度也会降低。天文学上将这类两颗星互相遮挡造成光度衰减的变星称为食变星或食双星。

飞马座西南面是摩羯座与宝瓶座，东南面是双鱼座。双鱼再往东南是鲸鱼座，这头鲸鱼就是珀尔修斯故事中受海神波塞冬派遣，企图吞食安德洛墨达公主的海怪。鲸鱼座中也有一颗著名变星"刍藁增二"，它的亮度最大能达到 2 等，但最暗时肉眼却无法观测。与大陵五由双星交替遮挡引起的光变不同，刍藁增二的亮度变化是自身周期性的收缩和膨胀造成的。

将秋季四边形西侧边线向南延伸约 3.5 倍，有一颗孤星独自挺立在南方低空，它晶莹剔透，犹如镶嵌在黑色天幕上的一颗钻石，这就是著名的秋季亮星南鱼座 α，中文名唤作"北落师门"。在群星寂寥的秋夜里如鹤立鸡群一般。

让我们把目光转回北天，此刻高悬于北方天空的是一个由五颗亮星组成的"M"形，这就是仙后座。将 M 外侧的两条边向上延伸至相交，交点与 M 形中间的亮星相连，再延长约 5 倍的距离就是北极星了。在秋冬季节北斗低垂时，这是我们寻找北极星最好的方法。仙后座西边是仙王座，形状像一座尖顶小屋。仙王、仙后就是珀尔修斯故事中安德洛墨达的父母埃塞俄比亚国王和王后。

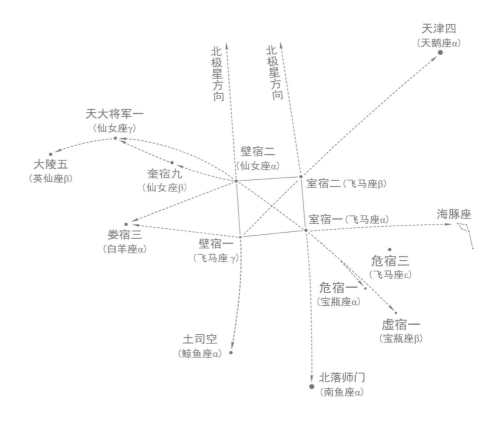

★ 在明星寂寥的秋季，飞马大四边形不但能让人过目不忘，还是秋季认星、寻星的理想工具。首先我们将四边形的右边线向南延伸 3.5 倍，即可找到北落师门，向北延伸 5 倍就是北极星。四边形左边线向南延伸 2 倍多便是鲸鱼座的土司空，向北延伸也指向北极星。利用四边形的两条对角线，我们可以找到天津四、仙女座的奎宿九和英仙座的大陵五等亮星。

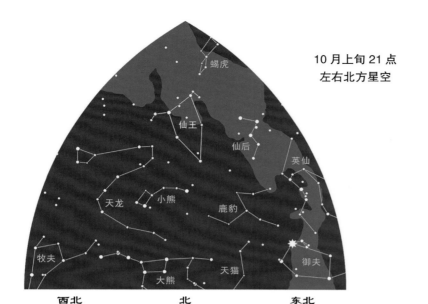

10 月上旬 21 点
左右北方星空

仙王座

初识星空

　　仙王座比天龙座和大熊座离北天极更近，在中国秦岭淮河以北的地区，夜里任何时间都能看到它的全貌。即使身处天涯海角的三亚，除了春季和夏初不适合观测外，其他时间都可以看到它。仙王座的特点是五颗星组成一个尖顶小屋，尖顶部分非常靠近北天极。

历史与神话

　　在希腊神话中，仙王座是古埃塞俄比亚的国王克甫斯，他的女儿是美丽的仙女座，他的王后是爱慕虚荣的仙后座，他本人则是一个懦弱无能的人。他的妻子吹嘘女儿的美貌胜过海中仙女，得罪了波塞冬，海神派出海怪袭扰埃塞俄比亚海岸，并扬言要淹没这个国家。为了平息海神的愤怒，克甫斯不得不将女儿锁在海边的岩石上，等待海怪来吞食。

　　★　现存最早《恒星之书》抄本中的仙王座（1009 或 1010 年，牛津大学博德利图书馆藏）

经典图像

　　仙王座是一个老年形象，他或坐或站，左手持权杖，右手握着一条缎带。奇怪的是他头上戴着王冠又缠着头巾，也许这就是欧洲人印象中埃塞俄比亚国王的样子吧。

西游天宫

鹿豹

小熊

仙王

天龙

仙后

β

ι

α

η

天钩五 2.5等

ξ

天鹅

蝎虎

埃塞俄比亚国王在《西游记》星座图像中变成了统御三界的玉皇大帝，这位三界最高统治者地位与希腊神话中的宙斯相似，但在《西游记》和衍生作品中他往往被描写为一个毫无主见又胆小如鼠的昏庸君主，倒是与克甫斯非常相似。

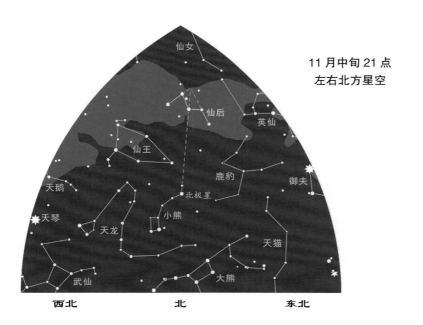

11 月中旬 21 点
左右北方星空

初识星空

　　秋季入夜，向北天望去，北斗横卧在地平线附近，长江以南的地区难觅其踪影。不过，也不必担心"找不着北"，我们自有替代北斗的"神器"，它就是仙后座。此时它正位于北天高空，五颗亮星组成一个"M"形，很容易辨认。将 M 外侧的两条边向上延伸至相交，交点与 M 形中间的仙后座 γ 相连，再向北延长约 5 倍的距离就是北极星了。

历史与神话

　　这位仙后是古埃塞俄比亚的王后，仙王座克甫斯的妻子，仙女座安德洛墨达的母亲，名叫卡西奥佩娅。根据古希腊剧作家索福克勒斯的说法，她因吹嘘自己比所有海中仙女都要美貌，惹恼了海神波塞冬，作为惩罚，她被安置在星空中，被迫坐在宝座上绕着北天极旋转，她必须花半年时间紧紧抓住座椅靠背，以免掉下来。

经典图像

　　坐在宝座上的女性形象是仙后座的基本造型，她总是双手举起，一只手中拿着一个类似棕榈叶或羽毛状的物体，另一只手有时也会提起衣物或头上的饰带。

★　伊斯兰天球仪上的仙后座（1275 或 1276 年，不列颠博物馆藏）

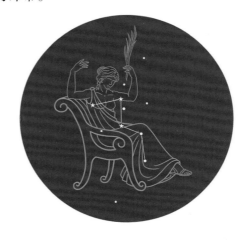

西游天宫

仙女

仙后

仙王

英仙

鹿豹

α

王良四 2.2等

β

γ

δ

ε

王母娘娘

　　既然我们已经将玉皇大帝设定为仙王座，那么王母娘娘自然就是仙后座的不二之选了。虽然在正统的道教神谱中，玉皇大帝与王母娘娘并没有婚姻关系，但在民间传说中他俩却一直作为夫妻出现，玉皇大帝还常常有点惧内的表现。

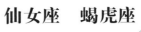

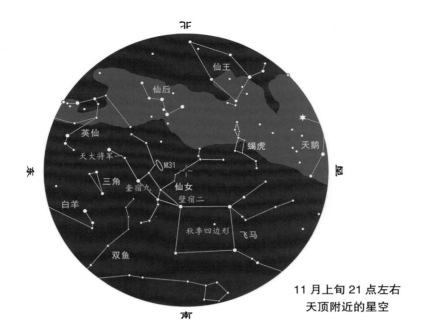

11 月上旬 21 点左右
天顶附近的星空

初识星空

　　秋季四边形东北角的恒星最为明亮，中文名叫"壁宿二"，在托勒密看来它既是飞马的肚脐，也是仙女座的头部。在它的东北方向还有两颗与其亮度相当的星"奎宿九"和"天大将军一"，三颗星呈一字排开，是仙女座最显著的特征。在晴朗无月的夜晚，我们可以在奎宿九北边找到一团椭圆形的模糊光斑，尽管看上去十分暗弱，但它却是比银河系更大的旋涡星系，距离我们有 250 万光年，是肉眼可见最遥远的天体，称为"仙女星系"或者"M31"。蝎虎座夹在仙女座与天鹅座之间，没有什么亮星，是一个不起眼的小星座。

历史与神话

　　古代美索不达米亚，在仙女座西部及相邻的双鱼座北部天区曾存在一个女性星座，《穆拉品》中称其为"阿努尼图（Anunitu）"是掌管生育的女神。阿努尼图还有一个更为人熟知的名字"伊南娜"，除生育之外伊南娜还司职爱、美、战争等，她也是金星女神。希腊神话中，仙女座是古埃塞俄比亚国王克甫斯和王后卡西奥佩娅的女儿安德洛墨达。因王后夸耀自己或女儿比所有海中仙女都要美貌，激怒了海神波塞冬，他扬言要用海水淹没这个国家。为平息海神的愤怒，国王只得将公主锁在海边的岩石上，等待海怪来吞食。恰巧珀尔修斯在斩杀蛇发女妖墨杜萨后路过此地，从海怪口中救出了公主，并最终与安德洛墨达结为连理。

　　蝎虎座是赫维留设立的星座，中文里蝎虎是指壁虎，但这个星座代表的其实是一只蜥蜴。

经典图像

　　星图中仙女双腿弯曲，双手被铁链固定在两侧的岩石上。赫维留笔下的蝎虎座有点奇怪，四肢支撑身体离开地面，而不像蜥蜴一样在地上匍匐。

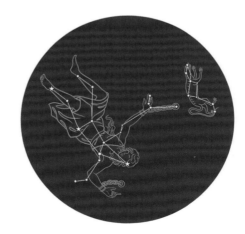

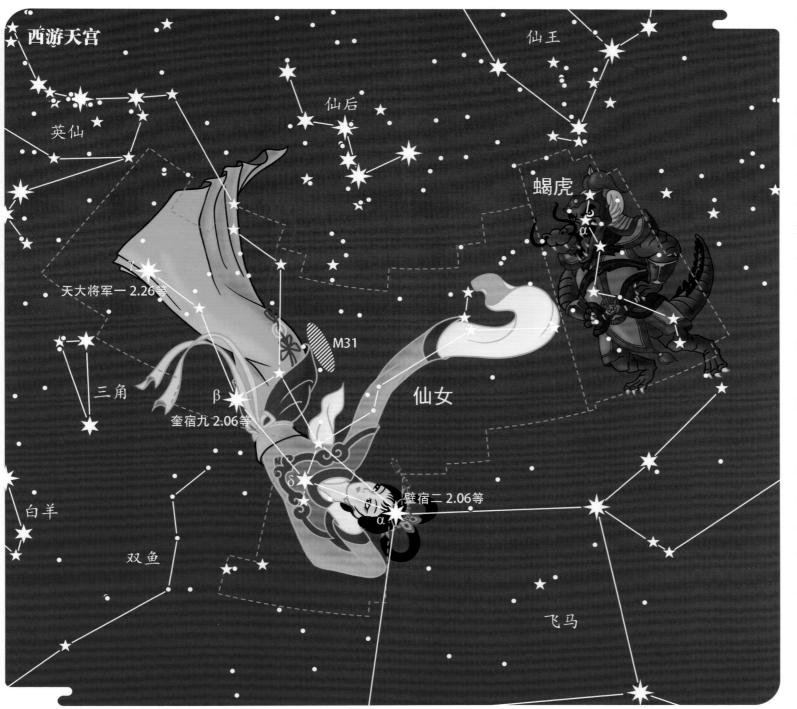

西游天宫

仙王

仙后

英仙

蝎虎

天大将军一 2.26等

三角

M31

仙女

β

奎宿九 2.06等

白羊

δ

壁宿二 2.06等

α

双鱼

飞马

嫦娥

中国家喻户晓的月宫仙女，与仙女座的名称相合，以嫦娥诠释仙女座恰如其分。不过《西游记》原著中的嫦娥并非人名，而是对月宫侍女的统称，广寒宫真正的主人是"太阴星君"。原著第九十五回，孙悟空与天竺国假公主交战，正要取其性命，太阴星君带领众嫦娥下凡，救下假公主，孙悟空方知其为广寒宫中捣药的玉兔。

鼍龙

泾河龙王之子，西海龙王外甥。唐僧师徒经过黑水河时，变作艄公骗唐僧上船，然后施法捉住唐僧和八戒，悟空前往西海龙宫请来摩昂太子收服了鼍（tuó）龙。鼍龙即鳄鱼，古人常以蜥蜴比鳄鱼，把鳄鱼看作大号蜥蜴，西方人也有类似的看法。

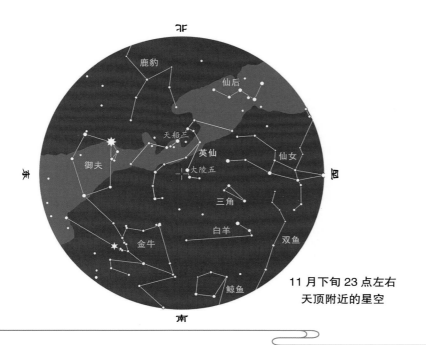

11 月下旬 23 点左右
天顶附近的星空

初识星空

　　深秋至初冬之际，是观测英仙座的最佳时节，夜里九十点钟，我们可以在仙后座东边、天顶附近银河最狭窄的区域，找到两颗较亮的星，它们就是英仙座最亮的恒星，中文名叫"天船三"和"大陵五"。大陵五是最著名的变星之一，它的亮度在 2.13 与 3.4 等之间变化，周期为 2.87 日。也许正是因为这一特征，希伯来人认为它是魔鬼撒旦的头颅，阿拉伯人称它为食尸鬼的头。在希腊神话中，它代表蛇发女妖墨杜萨头上的罪恶之眼，任何看到它的人都会变成石头。

历史与神话

　　英仙座是希腊英雄珀尔修斯，他是宙斯与凡人达那厄所生的儿子，为了使母亲免遭塞里福斯岛国王波吕得克忒斯的骚扰，他答应国王将女妖墨杜萨的头颅带回来。墨杜萨原本是雅典娜的侍女，因被波塞冬夺去贞操，变成了满头蛇发的怪物，并拥有让任何看到她眼睛的人都变成石头的魔力。在赫尔墨斯与雅典娜的帮助下，珀尔修斯获得了能踏空飞行的翼鞋；使人隐形的头盔；锋利的镰剑；明亮的盾牌和一个神奇的袋子等宝物，最终他利用盾牌做镜子，用镰剑成功砍下了墨杜萨的头颅，并在归途中从海怪口中救下了埃塞俄比亚公主安德洛墨达。

经典图像

　　珀尔修斯的盾牌在古典星图中不见了踪影，高举的右手中阿拉伯弯刀取代了有弯钩的镰剑。不过英雄左手中蛇发环绕的头颅和双脚上带翅膀的鞋子依然能告诉我们，他就是手刃墨杜萨的英雄。

西游天宫

鹿豹

仙后

御夫

英仙

天船三1.79等

γ

α

δ

大陵五2.3~3.4等

ε

β

ρ

ζ

仙女

三角

猪八戒

本是掌管天河的天蓬元帅，因醉酒调戏嫦娥被贬下凡，错投猪胎。唐僧取经路过高老庄时被孙悟空收服，拜唐僧为师，与悟空一起保师父西天取经。珀尔修斯变身猪八戒，不是要戏弄或贬低希腊英雄，仅仅是出于星座图像的考虑。《西游记》第七十九回，猪八戒打死白面狐狸后，攥着狐狸尾巴来见比丘国国王，恰好呼应珀尔修斯提着墨杜萨头颅的场景。

★ 约 1440 年手稿中的猪头鱼身海豚座图像（奥地利国家图书馆藏）

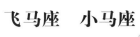

飞马座　小马座

初识星空

深秋时节，入夜后我们头顶上方偏南一点的位置，可以看到由 4 颗 2.5 等左右恒星组成的巨大四边形。这个四边形近乎正方，四条边大致对应东西南北四个方位，所以理论上我们可以利用它来辨别方向，这就是观星者所称的"秋季四边形"或"飞马大四边形"，它是飞马座的主体。四边形西偏南大约一个对角线的长度处，还有一颗亮度相当的星，这就是危宿三，代表飞马的鼻孔。

小马座位于危宿三与海豚座之间，只有一颗亮于 4 等的恒星，辨认起来有一定难度。

10 月中旬 21 点左右天顶附近的星空

历史与神话

飞马名叫"珀伽索斯"，据说是珀尔修斯砍下墨杜萨头颅后，从其颈部飞出的白色翼马。有人说英雄柏勒洛丰用雅典娜赠予的黄金缰绳俘获了飞马，珀伽索斯从此成为他的坐骑，并帮助柏勒洛丰杀死了可怕的喷火怪兽喀迈拉。柏勒洛丰死后，飞马开始为宙斯服务，替他驮运雷电。在更早的传说中，这匹骏马在缪斯女神居住的赫利孔山用强健的蹄子敲击岩石，一眼清泉随即涌出，人们称其为马泉，它是诗人的灵感之泉。

小马座是托勒密 48 星座中最小的，也是出现最晚的，它可能由托勒密或喜帕恰斯设立。有人认为这匹小马名叫"赛莱利斯"意为"快速的"或"敏捷的"，它是飞马座的弟弟或孩子。

经典图像

飞马座呈头朝下的倒立状，马肚脐以后的半个身子隐入夜空。四边形对应马的躯干和翅膀，马头位于西南，马前脚指向西北方的天鹅座。小马座总是低垂马首，马的颈部以下没入云层。

西游天宫

蝎虎

天鹅

仙女

室宿二 2.4等

β

η

飞马

壁宿一 2.8等

γ

室宿一 2.5等

α

海豚

危宿三 2.4等 ε

ζ

α

双鱼

小马

宝瓶

天马

　　天宫御马监饲养的天马。吴承恩并没有提及天马是否有翼，但动画片《大闹天宫》和1986版《西游记》电视剧中天马都是无翼的。实际上在目前所见最早的天球仪上，飞马座同样没有翅膀，古希腊最早关于飞马座的描述中也没有提及它的翅膀。

马面

　　地府中马面人身的鬼卒。马面区别于其他小鬼的特征是长着马头和马脖子，恰巧符合小马座只露出头部和脖子的特点。

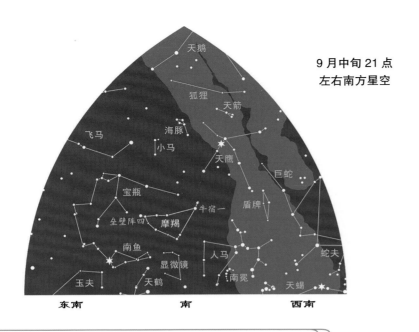

9 月中旬 21 点
左右南方星空

东南　　　南　　　西南

初识星空

　　天气晴好的秋夜，在远离光污染的郊外，我们可以试着寻找摩羯座，在人马座的东侧有一颗 3 等星是摩羯座 β（牛宿一），或者沿着织女星往牛郎星方向的连线再延伸约 1 倍的距离，就是摩羯座的中心区域，再向东一点就是摩羯座最亮的恒星摩羯座 δ（垒壁阵四），摩羯座都是 3、4 等的小星，将它们连缀起来，可以大致组成一个三角形。

历史与神话

　　摩羯座是最古老的星座之一，在古代美索不达米亚，人们称其为"山羊鱼"，这个山羊和鱼的混合体被认为是智慧水神埃阿的象征。

　　希腊神话中没有这种半羊半鱼的怪物，为了让它融入希腊神话，人们想到了具有山羊特征的"潘"神。此神原本是牧神，头上长着山羊的耳朵和角，下半身是两条羊腿。据说有一次宙斯在尼罗河畔宴请诸神，突然遭到怪物提丰的袭击，众神大惊失色，纷纷变成各种动物逃窜。潘神也急忙跃入水中，可能是过于惊慌，只将下半身变成了鱼形，上半身却现出了山羊的模样。后来宙斯将这个滑稽的形象置于夜空中，以纪念这次尼罗河上的奇遇。

经典图像

　　摩羯座图像一直很稳定，从巴比伦界石和古埃及神庙壁画开始，它就是山羊的前半身加上一条鱼尾，只不过早期鱼尾是平直的，后来变成了卷曲状。

西游天宫

天鹰

宝瓶

垒壁阵四 2.9等

δ

β 牛宿一 3.1等

摩羯

南鱼

显微镜

人马

玉龙化白马

西海龙王敖闰玉龙三太子，触犯天条被贬鹰愁涧，在唐僧和悟空路过时，因腹中饥饿吃了唐僧的白马，后来观音菩萨赶到，用杨柳枝蘸甘露，往他身上拂了一拂，将其化为一匹白马，驮着唐僧西天取经。星座形象取龙马变化瞬间，三太子上半身已经变成了白马，下半身还保留着龙形。

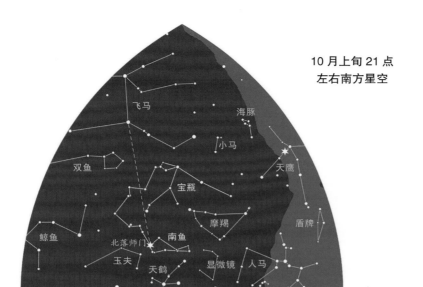

东南　　　南　　　西南

宝瓶座　南鱼座

初识星空

飞马座马头下方，有四颗彼此靠近的小星，组成一个"人"字形，它大致相当于宝瓶座的瓶子部分。靠近它的西边和稍远的西偏南是宝瓶座最亮的 α 和 β 星，但也都是3等星。将秋季四边形西侧两星的连线向南延伸约3倍，在南天低空可以找到秋夜南天最亮的"北落师门"。北落师门可以理解为北方军营的大门，人字形和北落师门之间的昏暗星区在中国古代星座中是一座军营，那些若隐若现的小星就是在这里集结的"羽林军"。北落师门曾是宝瓶座与南鱼座共用之星，但现在它仅属于南鱼座。

历史与神话

在古代的两河流域，宝瓶座被称为"伟大的人"，这个伟人就是智慧水神埃阿。到了古埃及，这个星座变成了尼罗河水神，源源不断的水流从他手中的两个罐子倾泻而下。在希腊神话中，伟大的水神变成了人间的美少年该尼墨得斯，传说神鹰载着这位美名远扬的少年飞上了奥林匹斯山，从此宙斯有了一名贴身侍童，众神的宴会上多了一位斟酒的侍者，星空中也出现了宝瓶座与天鹰座。

南鱼座的神话总是与女神联系在一起，埃及人认为这条鱼曾经救过伊西斯女神的性命，在叙利亚它则与阿塔加蒂斯（希腊人称之为德尔切托）女神有关，而希腊人说它是爱神阿芙洛狄忒（罗马名"维纳斯"）的化身。

经典图像

宝瓶座是一个抱着或提着瓶子倒水的人物形象，水流蜿蜒流向南鱼座，南鱼张大嘴巴，似乎要将水流一饮而尽，北落师门就位于鱼嘴处。早期的南鱼肚皮朝上，后来很多星图掉转了朝向。

西游天宫

飞马

海豚

小马

双鱼

危宿一 2.9等 α

虚宿一 2.9等 β

宝瓶

鲸鱼

γ

δ

摩羯

南鱼

北落师门 1.16等 α

显微镜

天鹤

观音菩萨

　　观音大士点化唐僧师徒西天取经，并在取经途中屡屡助师徒渡过难关。菩萨手中的净瓶盛有甘露，书中第二十六回，观音用杨柳枝蘸甘露医活了人参果树。第四十二回，为诱红孩儿中计，菩萨用净瓶装了一海之水并倾倒在钻头号山，使其看起来如南海落伽山一般。

灵感大王

　　本是观音莲花池中的金鱼，每日听经修成手段，将一枝未开的荷花骨朵炼化为九瓣赤铜锤，当作兵器。一日乘海潮来到通天河，占了老鼋（yuán）的宅邸，自称灵感大王，强迫陈家庄村民每年供奉童男童女。唐僧师徒经过时，用计捉走唐僧，最后悟空请来观音菩萨，用竹篮儿将其收走。

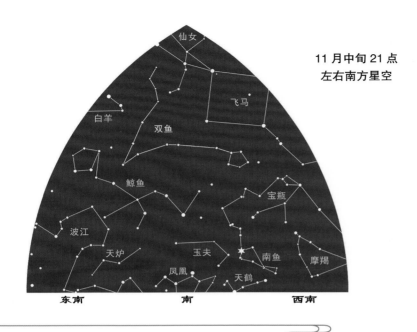

11 月中旬 21 点
左右南方星空

初识星空

　　碧空如洗的秋夜，我们可以在秋季四边形下方找到一个由五颗星组成的环，它就是双鱼座西边那条鱼，习惯上称为"西鱼"，在它东南方不远处就是春分点的位置。双鱼座的另一条鱼在秋季四边形东边、仙女座奎宿九南方，这条鱼也叫"北鱼"，它奋力朝北游去，顶在仙女的腰间。西鱼东边和北鱼东南各有一串小星，对应神话中拴着两条鱼的绳索或带子，它们在鲸鱼座头部的西边汇合。

历史与神话

　　据说，有一次爱神阿芙洛狄忒与儿子小爱神厄洛斯（罗马名"丘比特"）在幼发拉底河畔游玩时，百头怪物提丰突然出现，母子俩为躲避危险，急忙变成鱼的样子跳入河中，因为担心母子失散，阿芙洛狄忒用一条带子将自己与儿子拴在一起。后来，宙斯将阿芙洛狄忒化身的鱼升入星空成为南鱼座，而她和厄洛斯的化身绑在一起的两条鱼则成了双鱼座。

　　双鱼座是黄道星座中出现比较晚的，它与北边的仙女座都与两河流域早期阿努尼图女神星座有关，此女神与生育、爱和美有关，也是金星之神，双鱼座中的北鱼被认为是阿芙洛狄忒的化身，她在希腊神话中的司职与阿努尼图女神几乎相同。连接两条鱼的带子或绳索可能原本是指幼发拉底河与底格里斯河。

经典图像

　　虽然很多黄道十二宫图像中，两条鱼是通过鱼嘴吐出的细丝连接的，但真正的星座图像中一北、一西两条鱼的尾巴是用一条带子拴在一起的，带子中间也就是双鱼座最东端还打着一个结。

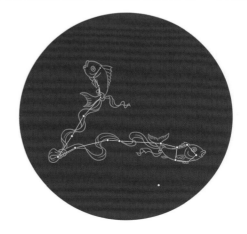

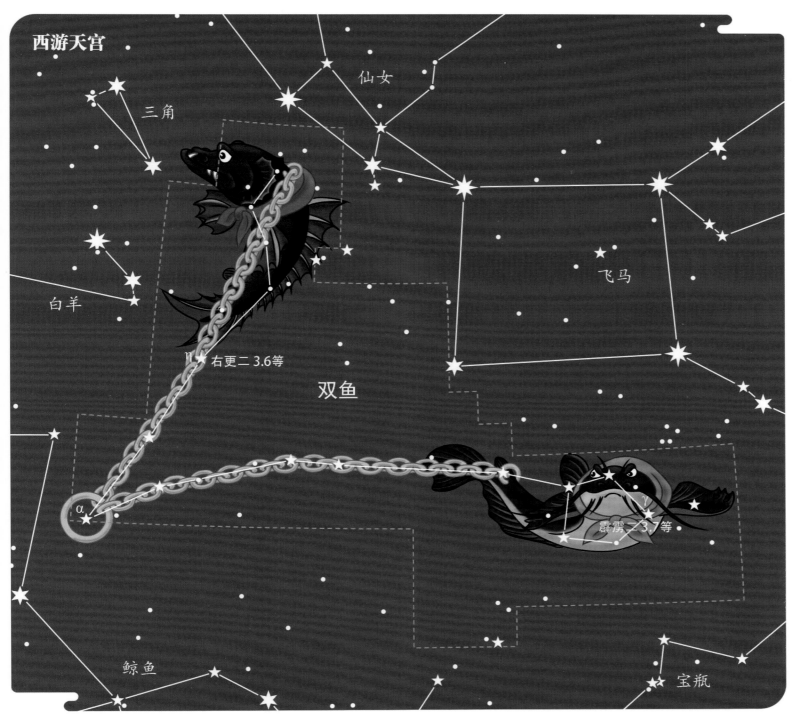

西游天宫

三角

仙女

白羊

飞马

奔波儿灞 3.6等

双鱼

霹雳二 3.7等

α

鲸鱼

宝瓶

乱石山碧波潭万圣龙王手下的两个小妖，奔波儿灞是鲇鱼怪，灞波儿奔是黑鱼精。只因万圣龙王的驸马九头虫，偷走了祭赛国金光寺宝塔中的舍利子佛宝，做贼心虚，派两个鱼精打探取经团队的消息。唐僧在金光寺扫塔时，孙悟空将两个鱼精擒住，用铁索穿了琵琶骨收押起来。在得知佛宝失踪真相后，悟空和八戒押着两个鱼精前往碧波潭索战，将其中一个下唇割掉，另一个耳朵割掉后，抛下潭去，让其通风报信。

101

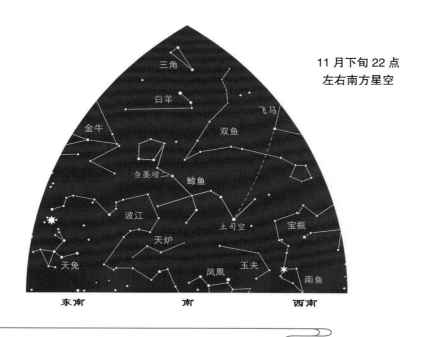

三角

白羊

金牛

双鱼

飞马

刍藁增二

鲸鱼

波江

土司空

宝瓶

天炉

天兔

凤凰

玉夫

南鱼

东南　　　　　南　　　　　西南

初识星空

在明星寂寥的秋夜，秋季四边形不但让人过目不忘，还是认星、寻星的理想工具。将四边形东面两星的连线向南延伸2倍多，便是代表鲸尾部的鲸鱼座β，中文名为"土司空"，虽然它只是一颗2等星，但周围没有什么亮星，所以显得很醒目。土司空东边，双鱼座和白羊座南边的大片天区就是大鲸庞大的身躯，它是排在长蛇座、室女座和大熊座之后的第四大星座。鲸颈部的鲸鱼座o星（刍藁增二）西名为"mira"，是拉丁语"奇妙"的意思，它是一颗亮度变化极大的星，最亮时可达2等，最暗时仅为10等，肉眼看去消失不见，变化周期大约332天。

历史与神话

在珀尔修斯英雄救美的故事里，它是受海神波塞冬派遣的海怪，前来吞食被锁在海岸岩石上的安德洛墨达公主。关键时刻珀尔修斯赶到，用墨杜萨的头将海怪变成了石头或者用剑杀死了它，救下了公主。

鲸鱼座"Cetus"一词来自希腊语，亚里士多德用这个词来形容鲸、海豚等鲸豚类动物，但希腊神话中它是指一种巨型的海怪。在古希腊和罗马的艺术品中这类怪物通常有一个类似狼的头部、长长的脖子、一对前爪和卷曲的鱼尾。

★　在1533年德国天文学家阿匹亚努斯的星图中，鲸鱼座是一条长着兽头的怪鱼形象，属于典型的欧洲十六世纪鲸鱼座图像。

经典图像

鲸鱼座的图像在古典星图中是多变的，早期是一条巨大的怪鱼，后期是一个臃肿的兽身鱼尾怪。这里采用的是拜尔星图中的形象，它更接近古希腊人心目中的海怪。

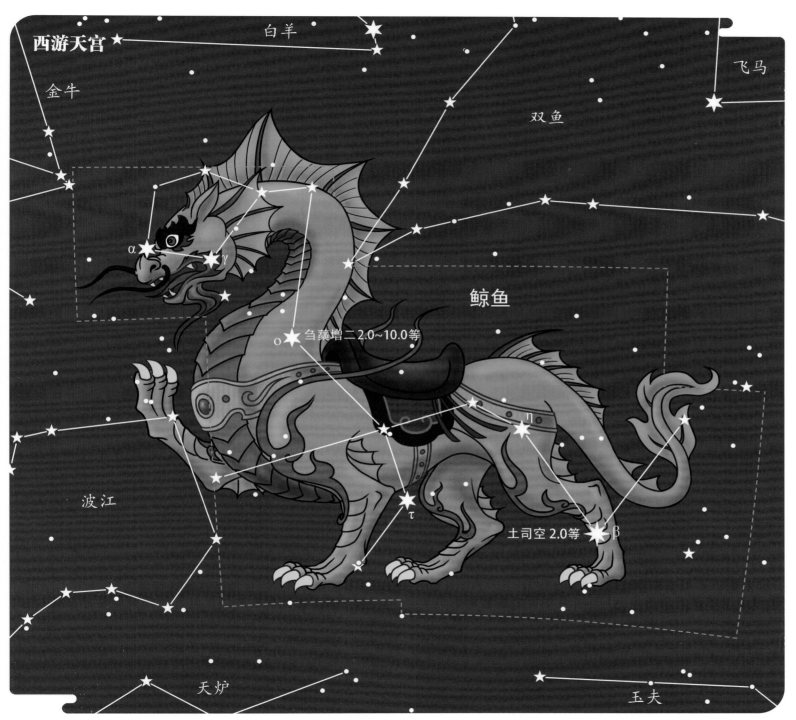

西游天宫

白羊

飞马

金牛

双鱼

鲸鱼

α

γ

o 刍藁增二 2.0~10.0等

波江

τ

η

土司空 2.0等 β

天炉

玉夫

璧水金睛兽

　　牛魔王的坐骑，是能上天、能入海的神兽。孙悟空为熄灭火焰山的大火，找牛魔王借芭蕉扇。牛魔王受万圣龙王之邀，骑着璧水金睛兽去乱石山碧波潭赴宴，孙悟空趁机变作牛魔王的模样，骑上璧水金睛兽去翠云山芭蕉洞诓骗铁扇公主的芭蕉扇。

北纬35°附近的冬季星空

星空亮点

　　凛冽的西风吹落了秋季点点微星，送来一个众星争辉的壮丽冬夜。南天正中等间距排列在一条直线上的三颗星格外引人注目，我们不妨称其为"三星"，它们是你冬夜认星的好向导。三星上下有 4 颗亮星，左上方是红色的参宿四，右下角为蓝色的参宿七，都是全天排名前 10 的亮星，连同三星在内，这 7 颗星就是猎户座的主体。

★　利用猎户座的 7 颗亮星，我们可以很容易地找到冬夜里那些最重要和最迷人的天体。

★　猎户座主体对应中国古代的参和觜。《史记》认为参为白虎，觜为虎首。整体看参宿细腰宽背的形态恰似虎躯，三星为腰，外围的参宿四至七是四肢，觜位于虎头的位置，伐星算是虎尾，这样一只威猛的老虎便赫然显现于夜空了。西方在五行思想中对应白色，所以称为白虎。

105

三星之下，南北排列着三颗小星，中国人称为"伐"，古希腊人将它们想象为猎户的佩剑，中间那颗星肉眼看上去朦朦胧胧的，这就是著名的猎户星云，也称为 M42，是为数不多肉眼可见的星云之一。与星系不同，星云是银河系内的天体，它们由星际空间的气体和尘埃组成。M42 距离我们大约 1500 光年，是离我们最近的"恒星摇篮"之一，众多年轻恒星正在这里孕育成长。

★ 昴星团（李天摄）

★ 伐星和猎户星云（张超摄）

沿着三星连线向西北方向寻找，可以看到一颗橙黄色亮星——毕宿五。毕宿五与周围一众小星组成一个 Y 字形，世界各国的人们常把它们想象成捕兔网、弹弓、叉子、火把等不同事物，而古代巴比伦人把它看作一个牛头，这就是金牛座的起源。毕宿五西边不远处，牛背的位置上是著名的昴星团，在天气晴朗的夜晚，凭肉眼可以看到六七颗青白色的小星聚在一起，显得非常特殊，使人过目不忘。中国古人称其为"昴宿"，《西游记》里有位叫"昴日鸡"的神仙协助孙悟空铲除了蝎子精，这个本相是一只大公鸡的神仙就是昴宿星神。

★ 冬季大三角与冬季六边形。

顺着参宿七和参宿四的连线向东北望去，有两颗亮星亲热地并肩而立，靠北的暗一些，叫北河二，靠南的稍亮，叫北河三。在希腊神话中，它们是一对形影不离的孪生兄弟，北河二是哥哥卡斯托尔，北河三为弟弟波吕克斯，双子座由此而来。

猎户座正上方的天顶区域，有五颗星组成一个五边形，这就是御夫座，五边形西北角的星最为明亮，唤作五车二，是全天第六亮星。

将猎户座三星的连线向左下方延伸，你会遇到一颗寒光夺目的苍白色亮星，这便是地球夜空中最亮的恒星——天狼星。天狼是中国星名，托勒密在《天文学大成》中称其为"狗星"，大犬座据此设立。

沿着猎户座双肩两星向东方眺望，可以看到小犬座的主星——南河三。南河三、天狼与参宿四构成了一个等边三角形，这就是著名的"冬季大三角"。这个三角形堪称壮观，但它仍不能囊括冬夜全部亮星，如果我们将五车二、北河三、南河三、天狼星、参宿七、毕宿五连接起来，可以组成一个气势恢宏的六边形，称为"冬季六边形"，它还有一个更符合明星璀璨夺目气质的名字——冬季大钻石。

除上述声名显赫的星座外，天空中还有一些并不被关注，但同样充满魅力的星座，一起装点着冬夜星空。你看，发源于猎户左脚下的波江，蜿蜒曲折消失在南方地平线下。藏身在猎户双脚下的天兔，躲避着大犬、小犬的追逐。从大犬座沿银河南下，是船尾、船帆、船底三个星座，它们原本都属于南船座，但因为太大被拆分成三个部分。全天第二亮星"老人星"就藏在船底座中。

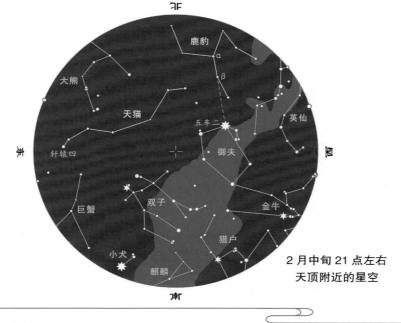

北

鹿豹

大熊

天猫

五车二

御夫

英仙

轩辕四

西

东

巨蟹

双子

金牛

小犬

猎户

麒麟

南

2月中旬21点左右
天顶附近的星空

初识星空

　　这是两个不起眼的暗淡星座。鹿豹座距离北天极很近，是中国常年可见的星座。它的面积并不算小，是第18大星座，比附近的小熊、仙王、仙后、御夫都要大，但因为最亮的恒星也只有4等，所以看上去空无一物。鹿豹座α、β两星的连线大致指向御夫座的亮星五车二，勉强算是一个特征。

　　天猫座从鹿豹座延伸到狮子座，主要恒星形成一条弯曲的折线，除了天猫座α（轩辕四）外，其他都是4、5等的暗星，所以要找到它，除了要在光污染小的地方观测，还要靠你对星空的熟悉和良好的视力。

历史与神话

　　鹿豹座由荷兰人彼得鲁斯·普兰修斯于1612或1613年设立，他称这个星座为长颈鹿，但后来德国天文学家巴尔奇称这个星座代表的是《圣经》中的一匹骆驼，这一度造成了混乱，不过后来这个星座恢复了长颈鹿的身份。"鹿豹"就是清代对长颈鹿的称呼。鹿豹座还是16世纪以来设立星座中最大的一个。

　　星座中有多条狗，但让"猫奴"们失望的是星空中并没有真正的猫，所谓"天猫"其实是一只猞猁，形似猫却要大一些。赫维留用猞猁命名这个星座，是因为这种动物目光敏锐，能在很远的地方发现猎物，他认为要观察这个昏暗的星座必须拥有如猞猁般的视力。法国天文学家拉朗德曾设立过一个真正的"猫座"，在长蛇座与唧筒座之间，但没有保留到现在。

经典图像

　　鹿豹座图像是比较典型的长颈鹿形象。猞猁尾巴极短，耳朵尖上有立起的簇毛，两侧脸颊有下垂的鬃毛，但大多数星图中天猫并不具备这些特征，尤其是那条雄狮般的长尾巴尤为突兀。

西游天宫

天龙

小熊

仙后

鹿豹

英仙

大熊

御夫

轩辕四 3.1等 α

天猫

金牛

巨蟹

双子

寿星白鹿

南极老寿星的坐骑，偷了寿星的拐杖扮作道人模样，携白面狐狸精所变女子来到比丘国，狐狸精被封为美后，白鹿成了国丈。他向国王献延年秘方，要取一千一百一十一个小儿的心肝与国王作药引，城中民众无奈只能将小儿养在鹅笼中。唐僧师徒路过此处，悟空施法将小儿救走，国丈又欲取唐僧心肝为药引。后不敌悟空败逃，寿星赶到将其收走，狐狸精亦被八戒筑死。

南山大王

艾叶花皮豹子精，占据隐雾山为王，用分瓣梅花计擒住唐僧，又两次用假人头哄骗孙悟空等人，最后死于猪八戒钉耙之下。豹子精与赫维留的星座设定较为接近。

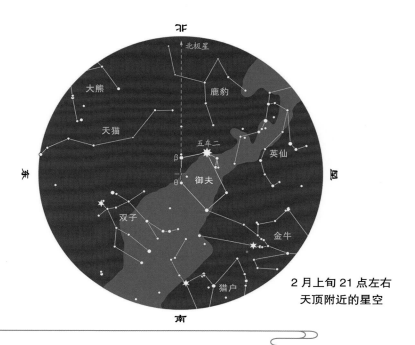

北极星

大熊

鹿豹

天猫

五车二

β

英仙

御夫

θ

双子

金牛

2月上旬21点左右
天顶附近的星空

猎户

北

东

西

南

御夫座

初识星空

每年年初，仰头望向天顶附近，有五颗亮星组成一个五边形，横跨在冬季淡淡的银河之上，这就是御夫座。古希腊人称这个星座为"牵缰绳的人"，即马车驭手。五边形西北角的星最为明亮，中文名叫五车二，是排在大角、织女之后的北天第三、全天第六亮星。五车二东边的御夫座θ（五车四）和御夫座β（五车三）可以用来寻找北极星，将它们的连线向北延伸5倍距离，就是北极星。

希腊人称五车二为"山羊"，它的西南不远处有两颗小星代表两只小羊。显然，希腊人不仅在这片星空看到了牵缰绳的人，还有母山羊带着它的小羊。

历史与神话

牵缰绳者并非赶车拉货的粗鄙之人，他是火神之子雅典国王厄瑞克透斯，他不仅发明了四马战车，而且驾驭技术高超，年轻时创办了泛雅典运动会，并作为驭手参加了四马战车比赛。他还在雅典卫城为雅典娜女神建立了第一座神庙。

星空中的三只山羊，由宙斯升入天界，这是因为其中的母山羊在宙斯刚出生时曾经哺育过他。但山羊为什么会与牵缰绳者出现在一起呢？有人解释说是因为宙斯曾将母山羊和小羊托付给厄瑞克透斯照料，但这显然是强行将二者关联。对这一现象比较合理的解释是：驭手与山羊分别来自两个不同的星座体系，二者在古希腊相遇，最终被拼凑在一起，于是出现了御夫将山羊抱在怀里的混乱组合。

经典图像

战车驭手呈蹲坐姿态，右手提着辔头，一只大山羊站在他的怀里或被他扛在肩上，同时还有两只小羊在他的左前臂上嬉戏。

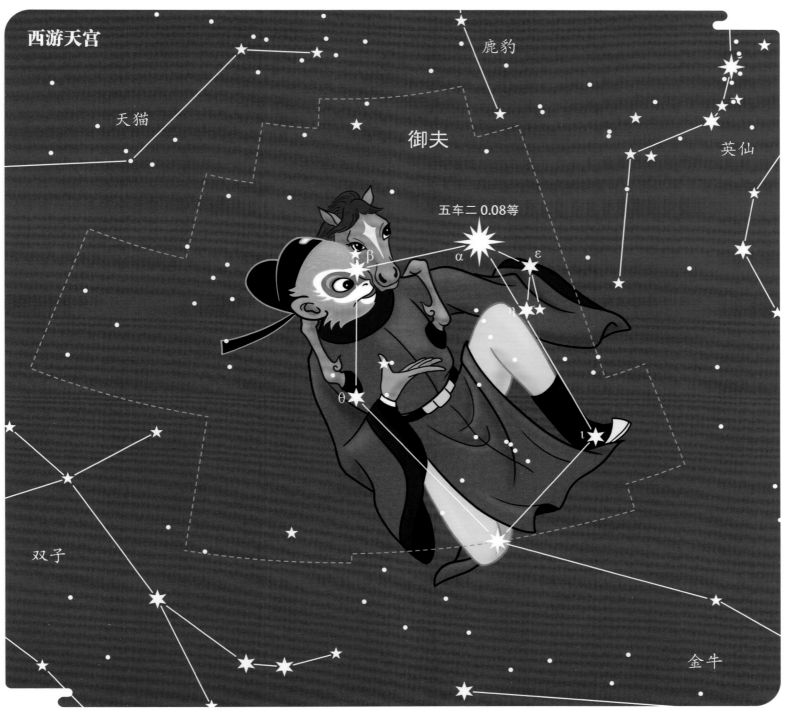

西游天宫

御夫

五车二 0.08等

β
α
ε
η
θ
ι

天猫

鹿豹

英仙

双子

金牛

美猴王闹东海、闹地府，被龙王与阎王告上天庭，玉帝依太白金星之计，招安孙悟空，封他做了个掌管御马监的弼马温。猴王欢欢喜喜上任，将天马养得膘肥体壮，但得知自己只是一个"未入流"的养马官时，大怒，一路打出南天门。弼马温与御夫都与马匹相关，孙悟空与小马嬉戏的画面仿照御夫肩扛山羊的形象。

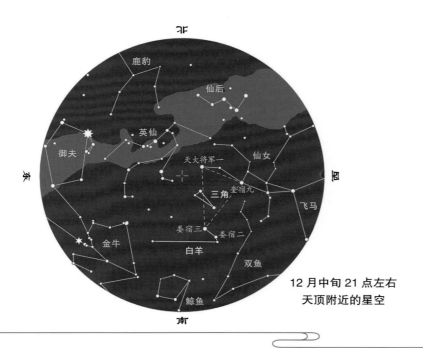

鹿豹

仙后

英仙

御夫

仙女

天大将军一

十

三角 奎宿九

娄宿三 娄宿二

金牛 飞马

白羊

双鱼

鲸鱼

东

西

南

12月中旬21点左右
天顶附近的星空

白羊座 三角座

初识星空

初冬之夜，我们可以在正南方的天空中，找到一个缩小版的夏季大三角，它就在秋季四边形东边不远处，三颗星均为 2 等左右，是初冬夜空中比较明显的标志。三角形靠北的两颗是仙女座的奎宿九与天大将军一，位于南部的是白羊座 α 星（娄宿三），它的西南方有一颗稍暗的星，是白羊座 β（娄宿一），它们标示出白羊的头部，定位到它们也就成功找到了白羊座。三角座是位于白羊座和仙女座之间的一个小星座，基本的特征是三颗星构成一个狭长的直角三角形，最亮的恒星三角座 β（天大将军九）为 3.0 等。

历史与神话

在古埃及，白羊座与风神阿蒙（Amun）相关，阿蒙原本是底比斯的守护神，公羊是他的象征物，后来与太阳神拉结合成为全国性的主神。公羊被认为是阳刚之气的象征，因此阿蒙又和生育与创造神敏结合，成为太阳、生育和创造力的代表。这背后的逻辑与公元前 2000 年春分点移入白羊座有关，人们认为当太阳位于该星座时，所有生长的事物都会焕发活力，就像春回大地一样。

据说善于阿谀奉承的赫尔墨斯将三角座放置在白羊座头顶上方，用以标记暗淡的白羊，同时又象征宙斯（Διός）名字的第一个字母"Δ"。罗马作家许吉努斯将这个星座与三角形的西西里岛联系在一起，认为西西里岛的守护者农业女神得墨忒尔恳请宙斯把它放置在天上。还有人说三角形意味着众神将世界分为三个部分，即欧洲、非洲和亚洲。

经典图像

白羊卧在黄道上，头扭向东方的金牛座。三角座以三角板的形象出现，常常是两个而非一个三角，因为赫维留曾在三角座南部设立过一个"小三角座"，后来这个星座被废止，但图像保留了下来。

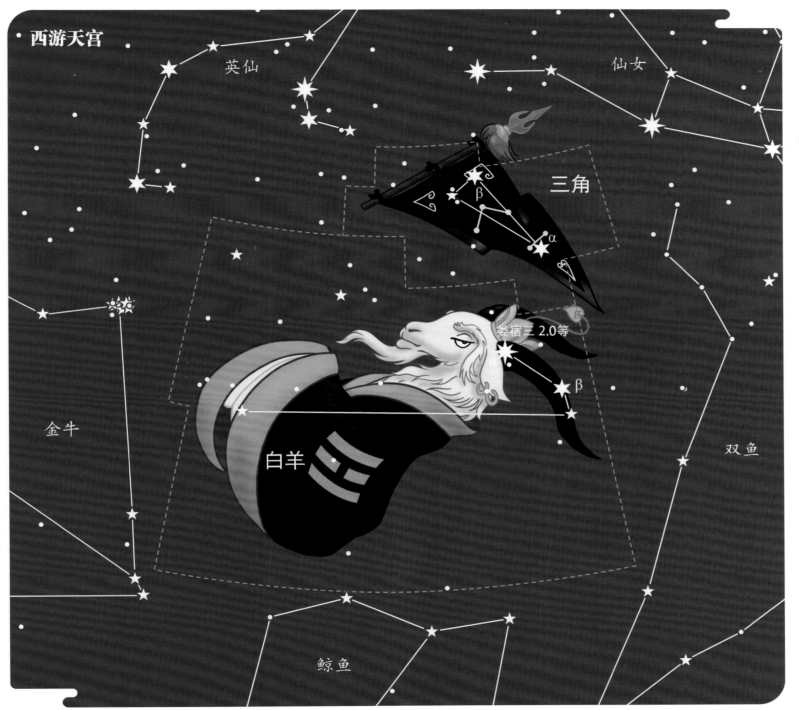

西游天宫

英仙

仙女

三角

金牛

白羊

娄宿三 2.0等

β

α

双鱼

鲸鱼

羊力大仙

　　乃羚羊成精，与虎力大仙、鹿力大仙在车迟国被尊为国师，后与孙悟空斗法下油锅洗澡，偷偷用自己炼的冷龙作弊，被悟空识破，命北海龙王收了冷龙，结果羊力大仙被炸得只剩一堆羊骨。

皂雕旗

　　为北方真武天尊所有，书中第三十三回，孙悟空被银角大王压在山下，金角大王叫两个小妖拿紫金红葫芦和羊脂玉净瓶去装猴子。不想，悟空已经逃了出来，为得到小妖的宝贝，孙悟空变了个假葫芦谎称能装天。为助大圣成功，哪吒找真武大帝借来皂雕旗，在南天门上展开，将日月星辰全部遮蔽，乾坤一片漆黑。两小妖以为假葫芦真能装天，马上答应用两个宝贝换悟空的假货。

113

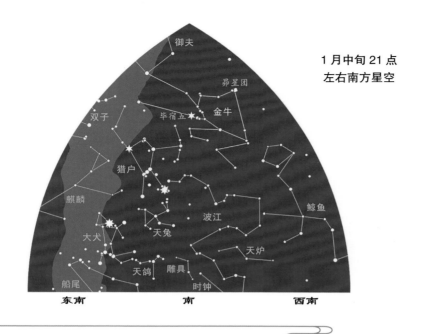

1月中旬21点
左右南方星空

御夫　昴星团　金牛　毕宿五　双子　猎户　麒麟　大犬　船尾　天鸽　天兔　雕具　时钟　天炉　波江　鲸鱼

东南　　南　　西南

初识星空

　　隆冬时节，远离城市灯光的郊外，我们可以在正南方的夜空中看到一个似星非星、如云似雾的天体，仔细分辨能看出那其实是六七颗小星聚在一起簇拥成团，这就是赫赫有名的"昴星团"，亦称为"七姊妹"。昴星团东边不远处有一颗橙黄色的亮星——毕宿五。它周围密密散落着一群小星，与毕宿五一起构成一个 Y 字形，中国古人认为它们像一种长柄的捕兔、捕鸟工具——毕，因此称为毕宿。古巴比伦人则把它看作一头牛，称其为"天牛"，在此基础上诞生了今天的金牛座，毕宿是牛头，昴星团则是牛的背部。

历史与神话

　　宙斯垂涎腓尼基公主欧罗巴的美貌，当公主在海边嬉戏时，他化身为一头白色公牛接近公主，公主被温顺的白牛吸引，大胆地骑上牛背，公牛立即站起来，驮着公主进入海中，并越游越远，最终将欧罗巴劫持到了克里特岛。后来宙斯将公牛的形象升至夜空，便有了金牛座。

　　希腊神话中昴星团七姊妹是擎天巨神阿特拉斯和大洋神女普勒俄涅的女儿，她们一直在被鲁莽的猎人俄里翁（猎户座）追赶，整日惊魂不定。

　　毕宿五专名为 Aldebaran，意思是"追随者"，因为它总是紧随昴星团之后升起。毕宿五与轩辕十四、心宿二、北落师门一起被称为"黄道四大天王"，因为它们不仅是距离黄道最近的亮星，而且几乎均匀分布在黄道附近，好像镇守黄道四方的王者。

经典图像

　　这头牛只露出半个身子，后半部分消失在云层中。与神话故事不同，星座中的白牛头部低垂，两只尖锐的利角朝向前方，眼睛闪烁着危险的光芒，前蹄腾空，似乎正在向东边的猎户发起攻击。

西游天宫

英仙

御夫

金牛

双子

β

ζ

白羊

毕宿五 0.85等

鲸鱼

猎户

波江

牛魔王

　　也称大力牛魔王，曾与孙悟空结拜为兄弟，自称平天大圣。原身是一头"两只角似两座铁塔，牙排利刃，连头至尾，有千余丈长短，自蹄至背，有八百丈高下"的大白牛。因其与铁扇公主的孩子红孩儿被孙悟空请观音降伏，做了善财童子，又记恨孙悟空欺他妻妾，与猴王恶斗，后被哪吒所擒。

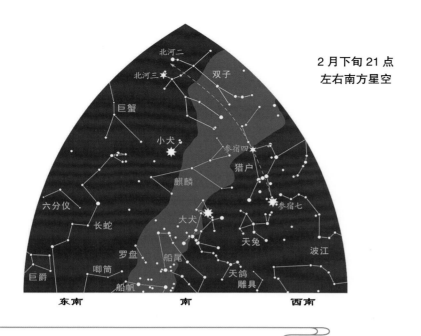

2月下旬21点
左右南方星空

东南　　　南　　　西南

双子座

初识星空

　　如果你对冬季星空已有所了解，可以顺着猎户座参宿七和参宿四的连线向东北方寻找，越过银河，在河东岸有两颗比肩而立的亮星，它们就是双子座的α星和β星。靠北的α星（北河二）西名叫"卡斯托尔"是哥哥，靠南的β星（北河三）更亮一些，叫"波吕克斯"为弟弟。分别以这两颗星为起点，向猎户座的方向望去，各有几颗三等左右的星与它们排成两列，这两列星就是双子座兄弟俩的身体。

历史与神话

　　宙斯变作天鹅诱惑了斯巴达王妃勒达，勒达怀孕并产下两枚蛋，据说其中一枚生出了美女海伦，另一枚则诞下了卡斯托尔与波吕克斯。兄弟俩从小形影不离，长大后成为远近闻名的大英雄，在许多冒险中展现出了非凡的勇气和智慧。后来哥哥不幸被人所杀，弟弟报仇后请求宙斯用自己的生命换回哥哥的生命，宙斯被兄弟俩的情谊所感动，把他们提升上天，永远守护彼此。

　　在反映公元前1000年左右巴比伦星象的《穆拉品》中，有大、小两个双胞胎星座，大双胞胎就是北河二与北河三，小双胞胎包括双子座ζ、λ等星。历史上双子座并非一直是兄弟，埃及神话中他们代表空气之神休与水汽之神泰芙努特，是夫妻俩。在印度他们是太阳神苏利耶的龙凤胎后代阎摩与阎蜜，后结为夫妻成为人类的祖先，阎摩作为第一个死去的人类，成为阴间的主宰，传到中国就成了阎罗王。

经典图像

　　古典星图中双子座是两个小孩儿的形象，他们一般呈蹲坐姿态，相互依偎在一起，手中分别拿着大棒、竖琴、弓箭或马鞭、镰刀等。

西游天宫

天猫

御夫

金牛

巨蟹

北河二 1.58等

北河三 1.14等

α

β

ε

η

μ

γ

ξ

双子

小犬

麒麟

猎户

金角大王、银角大王

　　本是太上老君看炉的一对童子，偷了老君的五件宝贝，逃下界在平顶山莲花洞为妖，欲吃唐僧肉得长生不老，最终反被孙悟空偷了宝贝。孙悟空将二妖装在葫芦与净瓶中，太上老君及时赶到，将金角、银角放出仍化为金、银二童子随老君返回。金角与银角情同手足，当银角被孙悟空用紫金红葫芦装了以后，金角放声大哭，一心要为银角报仇，兄弟之情恰似双子座。图中金角、银角为道童模样，银角手托紫金红葫芦，身背七星宝剑，金角手持羊脂玉净瓶，腰挂幌金绳，背插芭蕉扇。

117

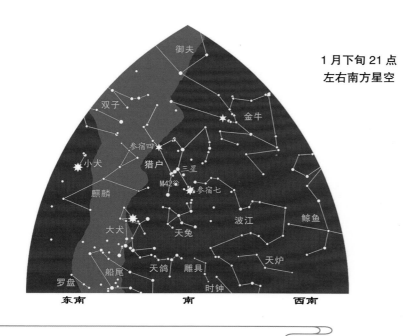

1 月下旬 21 点
左右南方星空

御夫
双子
金牛
参宿四
小犬
猎户
三星
麒麟
M42
参宿七
波江
大犬
天兔
鲸鱼
船尾
天鸽
雕具
天炉
罗盘
时钟

东南　　　南　　　西南

猎户座

初识星空

璀璨的明星装点着春节的夜空，爆竹声中举目南望，在天空正中有三颗星排列在一条直线上，它们亮度相当、间距相等，而且都闪烁着青蓝色的光芒，使人印象深刻。老百姓称其为"三星"，民谚说"三星高照，新年来到"指的就是眼前的景象。三星之外，四颗亮星撑起四个角，左上角是红色的参宿四，右下角为蓝色的参宿七，都是全天排名前 10 的亮星。这七颗星就是大名鼎鼎的猎户座主体了，中央三星是猎人的腰带，四角四星代表猎人的双肩与双腿，即便在光污染最严重的城市，我们也有机会看到猎户魁梧雄壮的身影。

历史与神话

星空中迎击金牛的猎人名叫俄里翁，他是海神波塞冬的儿子，拥有在海上行走的能力。因为对狩猎的共同热情，他成了月亮女神阿耳忒弥斯的恋人。但是女神的哥哥阿波罗对此非常不满，他一直试图拆散这对恋人，但没有成功。有一次，阿波罗在空中看到俄里翁正在下方的海面上行走，此时阿耳忒弥斯恰好在他身边，于是他与妹妹打赌，她不可能射中海面上那个小黑点。阿耳忒弥斯不知是计，为了维护自己神箭手的美名，她没有仔细分辨，就朝黑点放了一箭，结果不偏不倚正中俄里翁的头部。俄里翁死后阿耳忒弥斯悲痛欲绝，将死去的恋人升入星空，作为永久的怀念。

当然，关于俄里翁之死还有其他版本，比如我们之前在天蝎座神话中提到的。

经典图像

猎户左手举着狮皮盾牌，右手高举大棒，左腿抬起，右腿被下方的天兔座遮挡，腰间悬着一柄短剑或弯刀，与西边的金牛座构成一幅猎人斗金牛的画面。

西游天宫

双子

金牛

参宿四0.42等

麒麟

猎户

M42

参宿七 0.12等

波江

大犬

天兔

哪吒

托塔李天王三太子，三坛海会大神。弼马温反下南天门，天王父子受玉帝之命下界问罪，哪吒不敌孙悟空。后来，行者保护唐僧西天取经，哪吒数次出手相助。第六十一回，唐僧路阻火焰山，孙大圣难伏牛魔王，哪吒奉命助战，现出三头六臂飞身跃上魔王真身大白牛的后背，使斩妖剑一连砍下十数个牛头，又取出火轮儿挂在老牛的角上，吹动真火，把牛王烧得狂吼不已，败阵求饶。

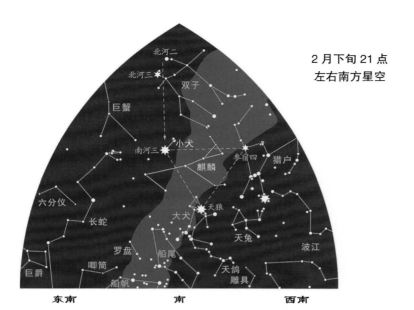

2月下旬21点
左右南方星空

东南　　　　南　　　　西南

初识星空

向双子座北河二与北河三的正南方寻找，或者顺着猎户座双肩两星向东方眺望，可以看到一颗更为明亮的恒星，它就是小犬座最亮的恒星——南河三。南河三的西名为"Procyon"意思是"狗的前面"，因为它总是在"狗星"也就是天狼星之前升起。南河三与天狼星、参宿四一起组成一个等边三角形，这就是著名的"冬季大三角"。与璀璨明星形成鲜明对比的是，大三角内没有一颗亮于4等的星，看起来空无一物，麒麟座就隐藏在这片暗淡的区域中。

历史与神话

在牧夫座的部分我们介绍过伊卡里乌斯学会了葡萄酒酿造技艺。他把美酒分给一群牧羊人痛饮，他们喝得酩酊大醉，有人误以为是伊卡里乌斯下了毒，盛怒之下杀死了他。在伊卡里乌斯爱犬梅拉的帮助下，她的女儿埃里戈涅找到了父亲的尸体，悲伤中她选择了死亡，小狗也跳进一口井里随主人而去。后来，宙斯将这对父女与小狗升入天界，伊卡里乌斯成为牧夫座，埃里戈涅是室女座，梅拉就是小犬座。但小犬座与牧夫座相距较远，当猎犬座出现后，人们又说猎犬座两条狗中有一条就是梅拉。更多的人则认为小犬座是宙斯给大犬找的伙伴，它们都是猎户俄里翁的猎犬。

麒麟座是普兰修斯设立的星座，他将这片天区想象成西方传说中的独角兽，中文曾译为"单角马""独角兽"等，麒麟的译名最早来自美国传教士赫士（Watson McMillen Hayes）翻译的《天文揭要》一书，后被广泛采用。

经典图像

小犬座通常被塑造成一只站立或奔跑的小狗。独角兽是西方传说中的奇异生物，体态似马，额前有一只螺旋形独角，通体洁白如雪，星图中的麒麟座就是依据这些特点描绘的。

西游天宫

巨蟹

双子

小犬

麒麟

猎户

南河三 0.34等

α

γ

α

大犬

天兔

二十八宿星神之一。大犬和小犬互为伙伴，二十八宿中的奎木狼与娄金狗在天界为邻，同为犬科动物必定也是一对好伙伴。

独角兕大王

本是太上老君的坐骑青牛，趁牛童儿熟睡之际，偷金刚琢下界，在金兜山金兜洞为妖。将唐僧、八戒、沙僧捉入洞中，孙悟空的金箍棒也被他用金刚琢套走。大圣上天求救，结果哪吒、火德星君、十八罗汉等人的兵器、法宝也统统被套走。后经如来提示，孙大圣上天请来太上老君方将其降伏。

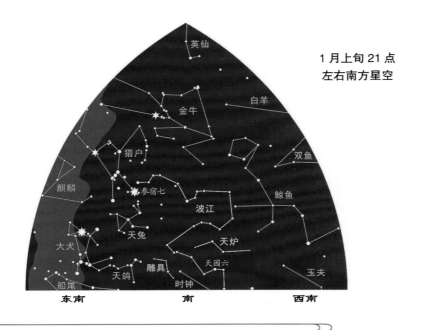

英仙

白羊

金牛

猎户

麒麟

双鱼

参宿七

鲸鱼

波江

天兔

天炉

大犬

雕具

天园六

玉夫

船尾

天鸽

时钟

东南　　　南　　　西南

波江座　天炉座　雕具座

初识星空

　　波江座的面积不小，是全天第6大星座，它从猎户座参宿七附近的天赤道区域发源，先向西流，然后在鲸鱼座的身前拐了个弯调头向东，随后又折向西南奔腾而去，直至南天极附近明亮的波江座α（水委一）结束，南北跨越接近60度。对于绝大多数中国人来说，这条河在到达终点之前就消失在南方地平线下了，长江以南的人们才有可能勉强看到水委一。天炉座被包在波江座第二个拐弯内，最亮的恒星仅3.9等，不易观测，而夹在波江与天鸽之间的雕具座要更加暗淡难寻。

历史与神话

　　水委一的专名为Achernar，出自阿拉伯语，意思是"河流尽头"，但在水委一的上游还有一颗星名为Acamar（波江座θ，中名天园六），这个词与Achernar同源，也是"河流尽头"的意思。一条河怎么会有两个尽头呢？同中国一样，欧洲、北非、西亚也看不到水委一，在托勒密以及苏菲的时代，波江座的尽头都是天园六。欧洲人对水委一的了解要归功于荷兰航海家皮特·凯泽1595年对南天恒星的观测，后来拜尔在波江座星图中将波江的尽头延伸到此星，于是波江座就有了两个尽头。

　　拉卡伊从波江座中抠出了一块暗淡的区域设立了天炉座，它是一座化学实验炉。

　　雕具座也是拉卡伊南天星座之一，代表雕塑家使用的凿子、锤子等雕刻工具。

经典图像

　　波江座是一道蜿蜒曲折的水流，波澜不惊一路向南流去。天炉座有一座砖砌的炉膛，正在进行蒸馏试验。雕具座是锤子和凿子之类的工具，有时会装饰上一条丝带。

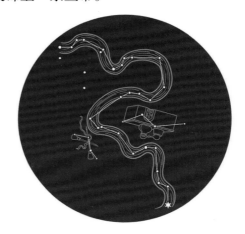

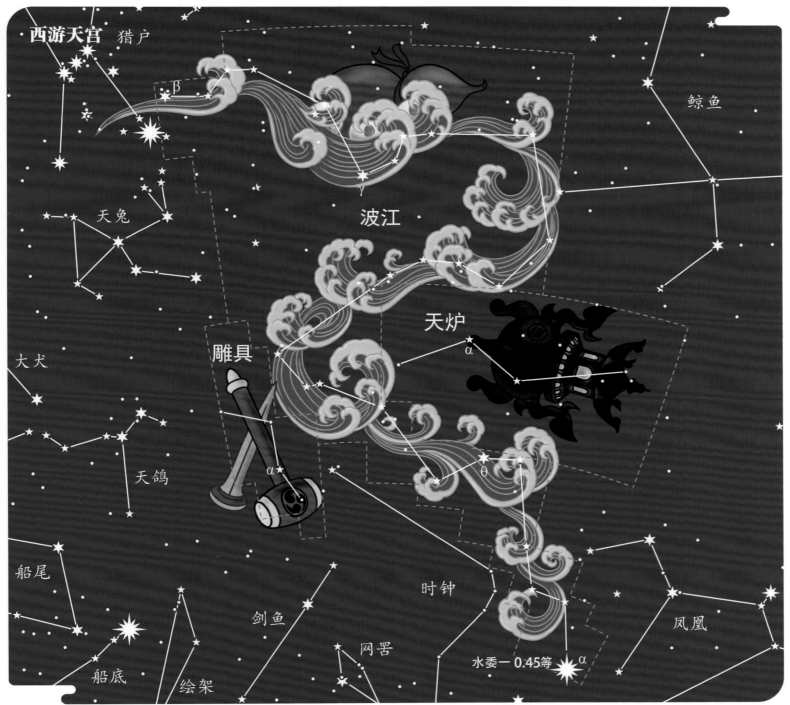

西游天宫 猎户

鲸鱼

天兔

波江

雕具

天炉

大犬

天鸽

α

θ

α

船尾

剑鱼

时钟

凤凰

网罟

绘架

船底

水委一 -0.45等 α

流沙河

沙僧被贬之地，有八百里宽，鹅毛飘不起，芦花定底沉。唐僧师徒遇阻流沙河，八戒与沙僧大战不能取胜，悟空请来观音菩萨弟子木叉，使沙僧皈依佛门，并依观音嘱托，用沙僧脖子上挂的九个骷髅按九宫布列，将菩萨交给木叉的红葫芦安在当中，做成一只法船，使唐僧渡过河去。

八卦炉

太上老君的炼丹炉，孙悟空曾被投入八卦炉中炼了四十九天。现代化学源于古代炼丹术，以八卦炉诠释天炉合情合理。

雷公揣

雷公打雷的工具，本质上是凿子和锤子。

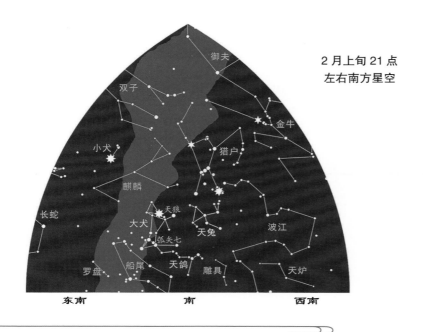

2月上旬21点
左右南方星空

东南　南　西南

大犬座　天兔座　天鸽座

初识星空

北半球最寒冷的时节，冬季大三角在正南的夜空熠熠生辉，大三角最靠南的天狼星，散发着苍白色光芒，使人心生寒意。天狼星亮度达到 −1.46 等，是当之无愧的第一亮星。它所在的大犬座还有一颗大犬座 ε（弧矢七）为 1.5 等，仅次于狮子座轩辕十四，比双子座北河二还亮，在全天亮星中排 22 位。它与大犬座 δ（弧矢一）、η（弧矢二）组成一个小三角形，就在天狼星下方，较为显眼。天兔座位于猎户座正南方，大犬座西边，最亮的四颗亮组成一个不规则四边形。天鸽座位于大犬座与天兔座南边，相对暗淡一些，而且接近地平线，较难辨认。

历史与神话

古巴比伦人将天狼星视为一支箭或一个箭头，埃及人最早将其与狗联系起来。今天人们认为它是俄里翁的爱犬，永远忠心耿耿地跟随着主人游猎天界。天狼星专名 Sirius，源于希腊语"灼热"一词，原来希腊人发现天狼星与太阳一同升起之时（天文学上称为"偕日升"），正是一年中最炎热的一段时间。英语中至今仍称这段相当于三伏天的时间为 dog days。

天兔座的名称 Lepus，是拉丁语"野兔"的意思，常被认为是俄里翁或他的两条猎犬追逐的猎物。

天鸽座于 1592 年由荷兰人普兰修斯标注在天球仪上，是最早的增补星座之一。普兰修斯称其为"挪亚的鸽子"，是指《圣经》中从挪亚方舟飞出去寻找陆地的鸽子，鸽子衔着橄榄枝返回方舟，带回了洪水退去的消息。

经典图像

大犬座是一条猎犬，嘴里叼着天狼星，竖着身子，四肢朝向西方。天兔藏在猎户脚下，竖着耳朵探听大犬的动静，随时准备躲避攻击。衔着橄榄枝的天鸽在天兔脚下飞翔。

西游天宫

麒麟

猎户

波江

天兔

天狼 -1.46等

α

β

μ

大犬

α

β

γ

δ

弧矢七 1.5等

ε

η

ε

天鸽

船尾

β

α

ζ

波江

罗盘

雕具

船帆

船底

绘架

本为二十八宿中的奎木狼，因其爱慕的披香殿玉女思凡下界成为宝象国公主，便化作妖魔占据碗子山波月洞，强行与公主配成夫妻。在下界十三年，与公主生了一对儿女，回到上界被贬去给太上老君烧火，后助悟空擒拿犀牛精。

玉兔

广寒宫捣药仙兔，挨了月宫中素娥仙子一掌怀恨在心，偷得捣药杵逃至下界，把素娥投胎的天竺国公主摄到布金禅寺，自己变作公主模样。知唐僧到此，欲与之成亲，后与孙悟空大战逃走，太阴星君带众嫦娥仙子下凡，将其收去。

白鹦哥

《西游记》中的黄毛红嘴白鹦哥，是观音菩萨的宠物，常伴其左右，菩萨出行时负责开路。

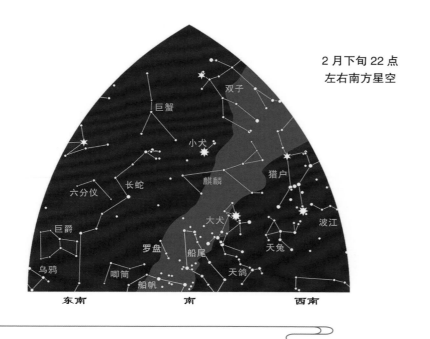

2月下旬22点
左右南方星空

东南　　　　南　　　　西南

船尾座　船帆座　船底座　罗盘座

初识星空

冬夜，天狼星下的银河依旧群星灿烂，一艘大船隐藏其中，大犬座的东南方是它高昂的船尾，再向东南是它扬起的风帆。倘若身处岭南，还能在地平线附近看到完整的船身中段。天狼星下方那颗光洁温润的亮星，就是老人星，不仅是这个船型星座中最亮的星，也是仅次于天狼的全天第二亮星。这艘大船如今被分为船尾、船帆、船底三个星座，老人星位于船底座。在船帆座与船底座的交接处，有一个"假十字"，它由船帆座δ、κ和船底座ε、ι构成，比南十字略大，亮度不及南十字，但由于它先升起，没经验的观星者会把它误认为南十字座。

历史与神话

南天的大船曾被称为"南船"，是托勒密48星座之一，被认为是伊阿宋带领50名勇士出航寻找金羊毛时乘坐的"阿尔戈"号。南船座曾是全天最大的星座，但因过于巨大，最终在18世纪，被法国天文学家拉卡伊拆分为船尾、船帆和船底三个星座。实际上罗盘座的恒星也来自南船，是拉卡伊从它的桅杆上抠出来的。

老人星在中国是长寿之星，南极老寿星就是他的化身。老人星的西名为Canopus（卡诺帕斯），来自希腊传说中著名的舵手卡诺帕斯，在远征特洛伊时，斯巴达国王墨涅拉俄斯的战船就是由他掌舵的。在更早的古代两河流域，人们称老人星为"埃利都之星"，埃利都是美索不达米亚最南端的城市，也是最古老的城市之一，在那里可以清晰地看到老人星。

经典图像

这艘船并不完整，船首没有进入我们的视线，船尾高高翘起，船底座是船的龙骨或船身中段，几只巨桨伸出舱外，老人星在最后一只桨的末端，高耸的桅杆直抵长蛇座，一个巨型罗盘高悬在船桅上。

西游天宫

长蛇

巨爵

唧筒

罗盘

α

船尾

大犬

船帆

λ

γ

船底

κ

δ

θ

假十字

ι

天鸽

老人-0.72等

α

绘架

β

飞鱼

剑鱼

半人马

南十字

苍蝇

蝘蜓

大麦哲伦云

山案

网罟

通天河中修行一千三百多年的老鼋，被灵感大王夺了水府，观音菩萨收走金鱼怪后，为感大圣之恩，情愿送唐僧师徒渡河。悟空用虎筋绦子穿在老鼋鼻内当作缰绳，老鼋蹬开四足，踏水面如行平地，不到一日，行过八百里通天河，师徒顺利登岸。老鼋托唐僧向佛祖询问它何时能脱了壳，得一个人身。唐僧取得真经，因未满八十一难，在回程时被金刚降在通天河西岸，老鼋再次出现，驮师徒过河，行至中途突然问起嘱托之事，三藏却忘记向佛祖询问，老鼋将身一晃，师徒四人连马与经皆落入水中，幸亏唐僧已脱凡胎，被行者扶出水登上东岸。老鼋助唐僧师徒渡河，作用如同渡船。《西游记》中虽出现过其他船只，但都不及这只老鼋给读者留下的印象深刻。

第七篇

哈尔滨不可见区域
北京不可见区域
上海不可见区域
广州不可见区域
三亚不可见区域

地球南极点可见星空

星空亮点

南半球星空总是令身处北半球的天文爱好者心驰神往。已经熟悉北天星空的人们，初次目睹南天星空时常被眼前的景象所震撼，朝北看，原本司空见惯的那些星座全部上下颠倒，星星旋转的方向也变成了顺时针；向南望，银河璀璨众星争辉、异彩纷呈，令人大饱眼福。

首先映入眼帘的是令人魂牵梦绕的南十字座，如果说北斗七星是北极天区的代表，那么南十字就是南极天区当之无愧的代言人，一红三蓝，四颗星构成它迷你的骨架，这其中有 1 等星两颗、2 等和 3 等星各一颗，称得上明星荟萃。

顺着南十字座 δ 与 β 两星的延长线看去，你会找到半人马座的亮星南门二和马腹一，它们分别为 –0.27 等和 0.61 等，在全天亮星排行榜中高居第 3 和第 11 位。将南门二与马腹一连线的垂直平分线向南延伸，与南十字座 γ 与 α 星延长线相交处，就是南天极的大致位置了，可惜这里没有像北极星那样的亮星。如同北斗拱卫北天极一样，南门二、马腹一与南十字也一刻不停地围绕南天极旋转，只是旋转方向由逆时针变成了顺时针。

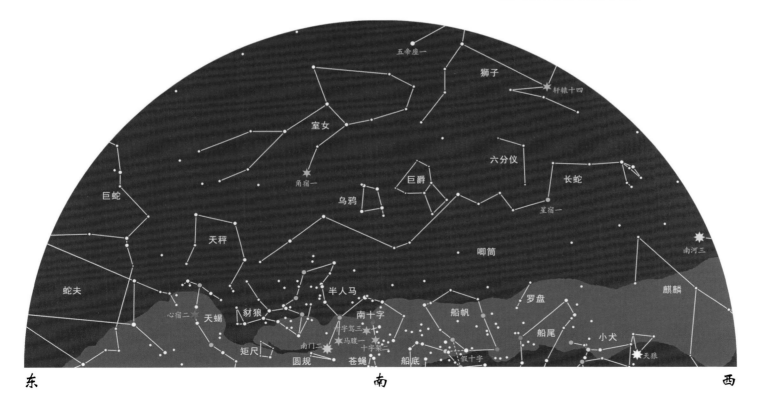

海南三亚 5 月初 22 点左右的南天星空

★ 如果不能亲赴南半球一睹南十字、南门二、马腹一的倩影也无须太多遗憾，我们可以前往美丽的海南岛领略它们的风采。每年 4～6 月是观赏它们的最佳时节，如果你在冬季到访，就需要等到下半夜才能看到类似的景象。

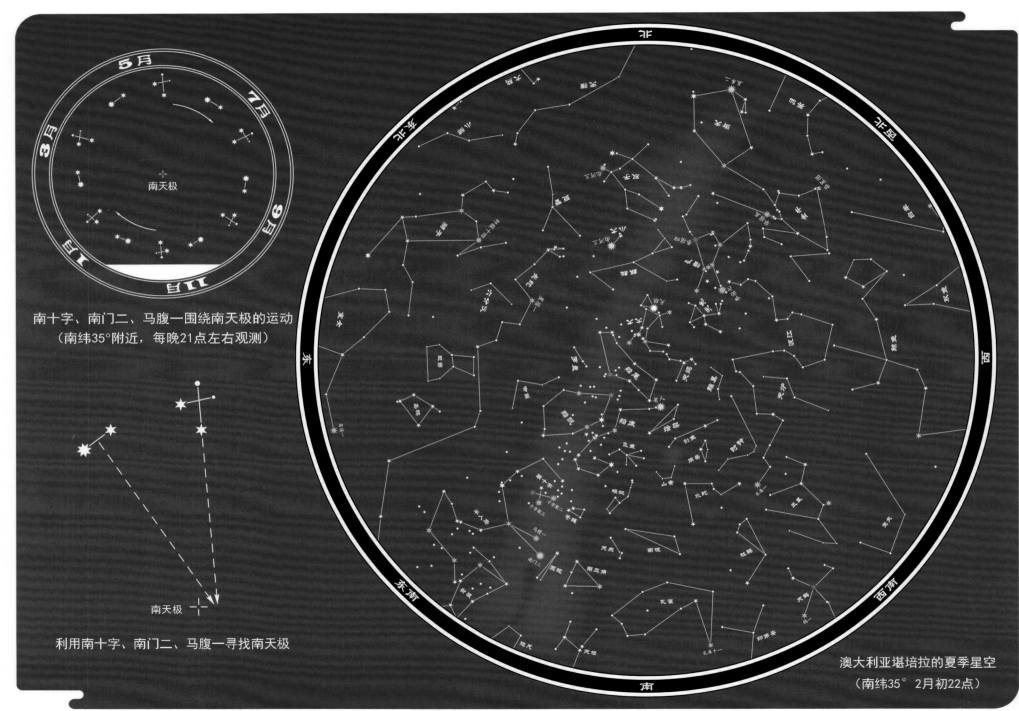

5月

7月

3月

南天极

9月

1月

11月

南十字、南门二、马腹一围绕南天极的运动
（南纬35°附近，每晚21点左右观测）

南天极

利用南十字、南门二、马腹一寻找南天极

澳大利亚堪培拉的夏季星空
（南纬35° 2月初22点）

南天夜空中著名的亮星还有老人星与水委一。老人星因为位置靠南，在中国古代被视为南天极的象征，所以也称南极老人星。由于地球自转轴的摆动，公元 14000 年前后，老人星将非常靠近南天极，成为真正的南极星。水委一位于波江座最南端，比老人星更靠南一些，在我国要到长江以南才有机会看到。老人星、水委一与南天极组成一个大致等边的三角形。

老人星与水委一南边，飘浮着两片淡淡的云，它们永远不会消散，如同恒星一般固定在天球上，因葡萄牙航海家麦哲伦环球航行时的翔实记录而得名——大麦哲伦云和小麦哲伦云。实际上它们并非云，甚至不是银河系内的星云，而是银河系附近的两个小星系。称之为大小麦哲伦星系更合适些，无奈星云的叫法已经习惯成自然了。大小麦哲伦云与南天极也大致构成一个等边三角形。

南天极附近的一段银河，从天蝎座的尾巴，穿过半人马的腿部和南十字，经船底、船帆、船尾，与北天冬季银河交汇在一起。这段银河虽然不及天蝎与人马段璀璨辉煌，但由于其离银心不远，完全可以和北半球夏夜银河媲美，而且离南天极很近，所以南半球大部分地区几乎整年可见。南半球冬季是观测银河的最佳时期，璀璨的银河中心就在头顶上方熠熠生辉。

★ 老人星、水委一、大小麦哲伦云与南天极的位置关系。

2018 年 9 月 13 日张敬宜摄于澳大利亚维多利亚州十二门徒石

南十字座　苍蝇座

南十字座是全天星座中最小的一个，但它却是毋庸置疑的南极天区形象大使，那四颗明星组成的璀璨十字，总是让初见南天星空的人心醉神迷。对于 16、17 世纪初到南半球的航海者来说，南十字之所以重要，不仅因为它绚丽多姿，还在于利用它可以方便地找到南天极，将 γ 与 α 两星连线向南延伸约 4 倍距离就到了南天极附近。

苍蝇座位于南十字以南，比较容易辨认。拜尔称其为蜜蜂，因蜜蜂的拉丁文 Apis 和天燕座 Apus 太过相似，后来改为苍蝇座。

降妖杵

或称降魔杵，是哪吒的法宝，为哪吒现出三头六臂时，手中所持兵器之一。佛教中类似法器也称金刚杵，有很多样式，十字形也偶有所见。

瞌睡虫

《西游记》中一种能使人昏睡的小虫。原著中有两种瞌睡虫，一种是孙悟空用毫毛变的，一种是从四大天王处赢的，无论哪种，只要爬到妖怪脸上钻入鼻孔，便会使其昏昏睡去。

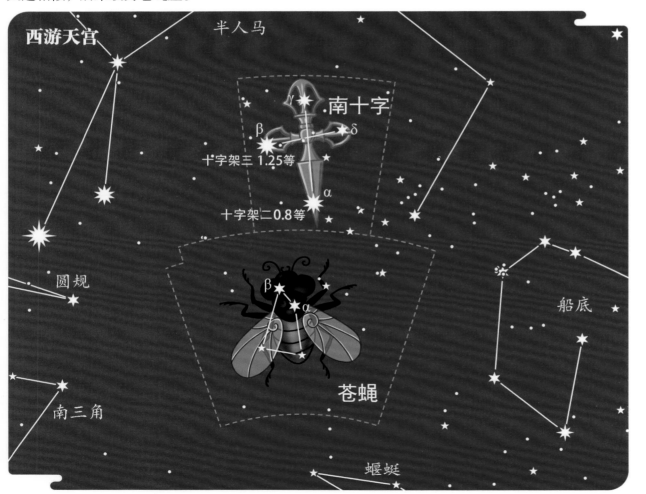

西游天宫

半人马

南十字

γ

β　　δ

十字架三 1.25 等

α

十字架二 0.8 等

圆规

β

α

南三角

苍蝇

船底

蝎蛉

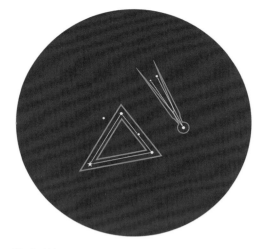

圆规座　南三角座

圆规座和南三角座的主体都是三颗星组成的三角形，只是一个狭长，一个较宽。

圆规座紧邻明亮的南门二。在人类进入信息时代以前，圆规是画圆、弧线和标注距离的重要绘图工具。

十六世纪初，就有航海者记录过南天的三角形星座，但没有留下准确位置信息。普兰修斯在 1589 年设定过一个南方的三角形星座，但并不在如今的位置上，后来航海十二星座中才出现了今天的南三角座。

令字旗

天兵天将和妖怪传递命令都会用到这种写有"令"字的三角形旗帜。图中令字旗造型参考了明代《出警入跸图》。

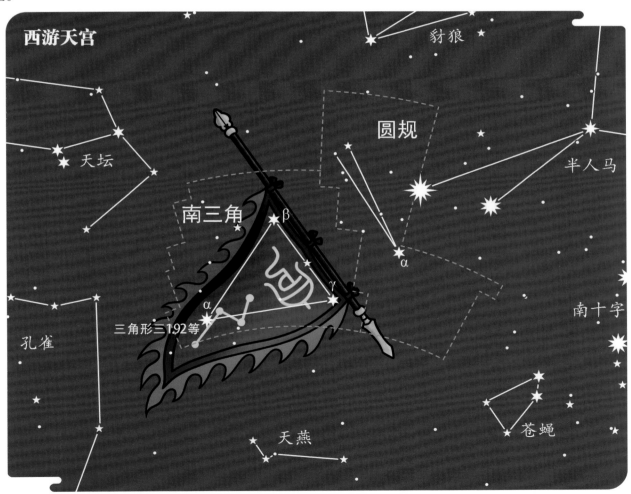

西游天宫

豺狼

圆规

天坛

半人马

南三角

β

α

α

γ

三角形三192等

孔雀

南十字

苍蝇

天燕

133

天坛座　矩尺座

天坛座与矩尺座均在天蝎座尾巴以南。

天坛座主体呈不规则的 H 形，它是托勒密 48 星座之一，拥有两千年以上的历史，象征焚烧祭品向众神献祭的祭坛。与中国古代祭祀天帝的天坛在性质和形式上均不完全相同。

相比之下矩尺座要年轻很多，它是拉卡伊设立的南天星座之一。星座图像是一把直尺和一把角尺，它们是拉卡伊所处时代工程师、制图员、造船工匠熟悉的测量和绘图工具。

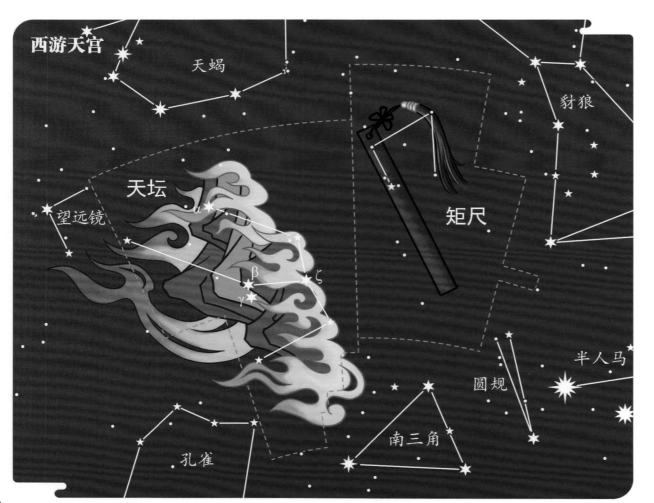

火焰山

孙悟空大闹天宫踢倒太上老君的八卦炉，几块炉砖落地化作火焰山，燃起八百里火焰，周围四季皆热，寸草不生。唐僧师徒路过被阻，孙悟空三借芭蕉扇，扇灭了大火，师徒四人得以继续西行。火焰山上的烈焰恰似祭坛上熊熊燃烧的燎火。

戒尺

《西游记》第二回，菩提祖师用这把戒尺在孙悟空头上打了三下，暗示他三更时分传道。孙悟空心领神会，三更时分进后门，得祖师传道。

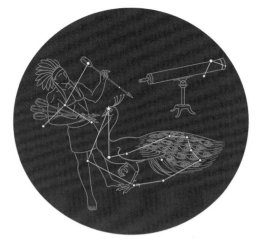

望远镜座是人马座和南冕座以南的一个昏暗星座。拉卡伊认为它是一架由绞车支撑的大型望远镜，后来望远镜座的面积被压缩，星座图像也变成一架小型桌面望远镜了。

孔雀座源于早期探险家在东印度群岛遇到的绿孔雀。拜尔星图中孔雀尾巴展开呈圆形，但后来它被不断修剪，以便给北边的望远镜座留出空间。

尽管人们倾向于将印第安座理解为北美印第安部落成员，但实际上十六世纪前后，东印度群岛、非洲南部和马达加斯加的原住民，对种族歧视的欧洲人来说都是"印第安人"。

朱紫国国王

国王还是太子时极好射猎，有一次打猎时看到两只孔雀，于是开弓便射，射伤雄孔雀，射死雌孔雀。不料，两只孔雀为孔雀大明王所生，作为惩罚，观音菩萨坐骑金毛㹇化身赛太岁抓走国王的金圣宫娘娘。唐僧师徒路过朱紫国，孙悟空计盗紫金铃打败赛太岁，救出金圣宫娘娘，国王夫妻得以团聚。

雄孔雀

西方佛母孔雀大明王菩萨所生雄孔雀，被朱紫国太子后来的国王射伤。

西游天宫

显微镜　人马　南冕

天鹤

印第安　α ★波斯二 3.1等

望远镜

鳖一 3.5等
α

孔雀十一 1.94等

天坛

杜鹃

孔雀

南极

南三角

显微镜座　天鹤座

显微镜座位于摩羯座与印第安座之间，最亮的星仅为 4.7 等，非常暗淡，而且很多还是从东边的邻居南鱼座借来的。拉卡伊将望远镜和显微镜两种光学仪器置于星空，是不是暗示放眼宏观宇宙和洞察微观世界呢？

南鱼座南边是一只优雅的大鸟，为了塑造它的长颈普兰修斯不惜将南鱼座尾巴尖上的恒星定义为鸟的头部。最初人们曾用苍鹭或火烈鸟来命名这只鸟，但拜尔在他的星图中使用了鹤的形象，天鹤座最终被大家接受。天鹤座拥有两颗二等星，是南天相对显眼的星座之一。

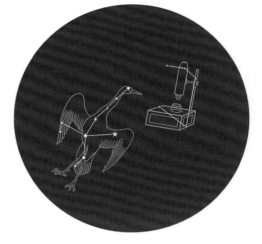

照妖镜

托塔李天王的法宝，能照出妖怪本相，或者使其无法逃遁。六耳猕猴变作孙悟空模样，众人不能分辨，于是真假美猴王打上南天门，李天王用照妖镜将两人照住，但镜中现出的却是两个孙悟空的影子，毫发不差，玉帝亦辨不出。显微镜能洞察微观世界的结构，照妖镜能照出妖魔原形。

朱顶白鹤

《西游记》中太白金星的坐骑。

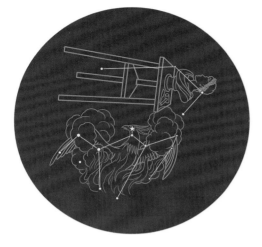

玉夫座位置并不是非常靠南，理论上中国东北大部分地区也能看到它的全貌。北落师门东边，鲸鱼座土司空下方一片星光昏暗的区域就是玉夫座。拉卡伊称它为"雕塑家的工作室"，并设想在一张三腿桌上放着一座石雕头像，旁边还有锤子、凿子等工具。后来这个星座被简称为"Sculptor（雕刻家）"，中文译名可以理解为"玉雕工匠"。

凤凰座在玉夫座南边，明清时期称为"火鸟"，象征西方传说中的不死鸟，星座图像是一只在烈焰中振翅的神鸟。南半球的夜空中，我们可以看到凤凰率领天鹤、孔雀、杜鹃、天燕五禽翱翔的场面。

通行宝印

加盖通关文牒的玉制印玺，印纽部雕刻一条龙，玉印与玉夫座译名中的"玉"字呼应。

九头虫

是一只九头怪鸟成精，被碧波潭万圣龙王招赘为驸马，盗取祭赛国金光寺宝塔中的舍利子佛宝。取经团队路过时，受国王之邀悟空、八戒前来索要佛宝，又有二郎神与梅山六兄弟打猎路过，众人合力，诛杀龙子龙孙，九头驸马被哮天犬咬掉一个头后逃走，一直遗祸人间。

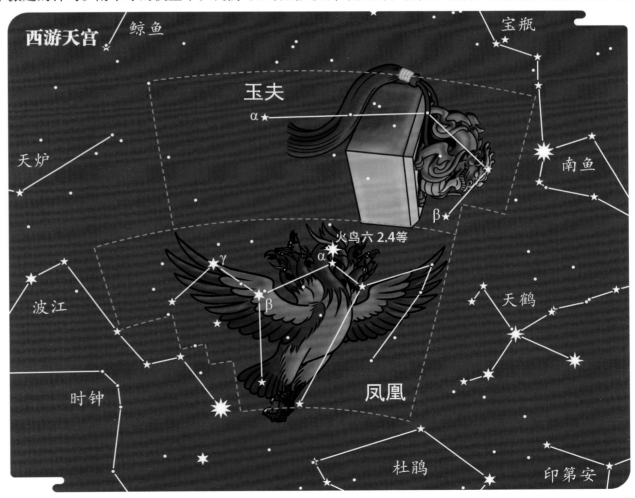

杜鹃座　水蛇座

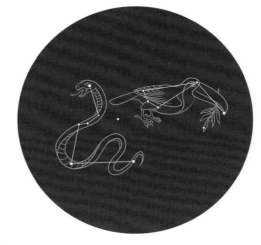

杜鹃座位于明亮的波江座水委一西南方，本是中南美洲的巨嘴鸟，"杜鹃"的译名有点不伦不类。星图中这只巨嘴鸟总是衔着一根带浆果的树枝。杜鹃座与水蛇座南部边界处是小麦哲伦云，它与大麦哲伦云一样是银河系的伴星系，距离我们约 20 万光年，包含大约 30 亿颗恒星。

水蛇座北边是水委一，东边是大麦哲伦云，西边是小麦哲伦云，两云一星之间的区域就是水蛇座了。

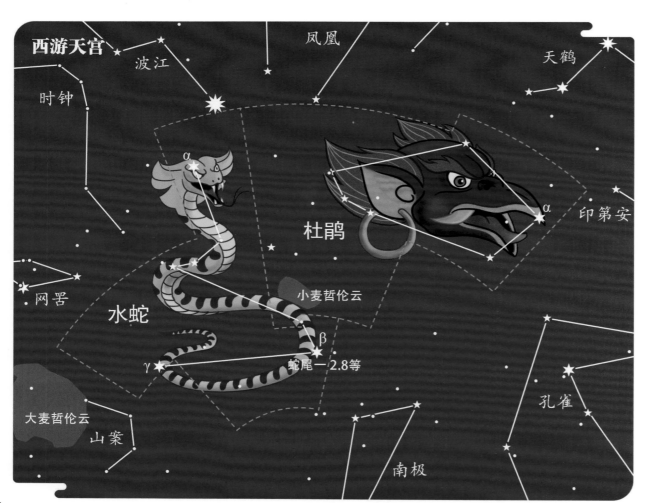

西游天宫

波江　凤凰　天鹤

时钟

α

杜鹃　α

印第安

水蛇

小麦哲伦云

网罟

β

蛇尾一 2.8 等

γ

大麦哲伦云

山案

孔雀

南极

雷公

主管打雷的天神，长着类似鸟喙的尖嘴。巨嘴鸟因大嘴得名，雷公最主要的特征是一张尖嘴。

白花蛇怪

此怪化身白衣秀士，与黑熊精、苍狼怪等结交。这一日，三个妖怪正在大谈安炉炼丹等旁门外道，黑熊精宣称得了一件宝贝袈裟，欲作佛衣会，邀请二怪光顾。恰被前来寻袈裟的孙悟空听到，奋起一棒将蛇怪打死。

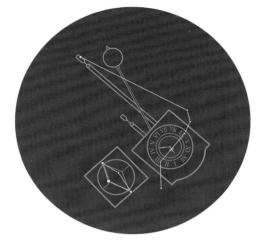

时钟座在波江座下游东侧，最初称为 Horologium Oscillatorium，意为摆钟，是拉卡伊为纪念荷兰科学家惠更斯 1656 年发明摆钟而设。

网罟座的恒星组成一个紧凑的菱形，相比时钟座更好分辨些。"网罟"的本意不是指渔网或捕鸟网，而是望远镜目镜上的定位网（或称十字准线），它能帮助天文学家精确测定恒星坐标。在拉卡伊的南天恒星观测中，这个不起眼的装置发挥了巨大作用。

梆子

用竹筒或挖空的木头制成的器物，敲击时发出声响，古代用来召集百姓、报警或巡夜打更。《西游记》中有小妖敲击梆子报警或巡更报时的情节。

蜘蛛网

蜘蛛精所结的网，曾将唐僧与猪八戒困在网中，在黄花观，蜘蛛精欲结网困住孙悟空，悟空变出七十个小行者与七十个双角叉儿棒，将蛛网搅断，拖出七个大蜘蛛，将它们尽数打死。蛛网与网罟座的中文译名契合。

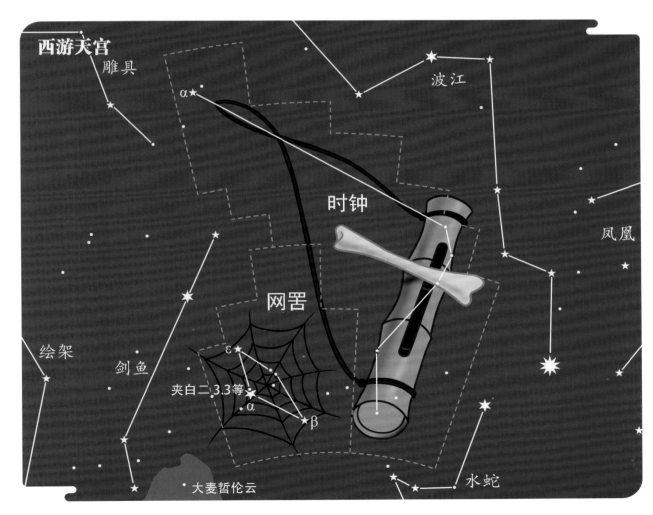

西游天宫

雕具
波江
时钟
凤凰
网罟
绘架
剑鱼
ε
夹白二 3.3等
α
β
水蛇
大麦哲伦云

剑鱼座　绘架座

在明亮的船底座老人星西面，是星光暗淡、轮廓不清的绘架座和剑鱼座。绘架座最初叫作"画架和调色板"，是拉卡伊对画家的致敬。

剑鱼座的名称 Dorado 源于一种叫"鲯鳅"的海洋鱼类，它们常会跃出水面捕食飞鱼，因此被放在飞鱼座旁边。Dorado 一词有金色的意思，所以中国古代称这个星座为"金鱼"。但是后来额头鼓起的鲯鳅逐渐被吻部细长的剑鱼所取代。大麦哲伦云位于剑鱼座与山案座的交界处，大约三分之二在剑鱼座中，这个小星系距我们有 16 万光年，包含了大约 100 亿颗恒星。

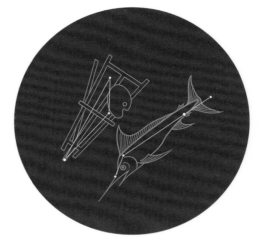

斑衣鳜婆

给灵感大王献计冻结通天河，待唐僧师徒过河时，迸裂寒冰，使唐僧落水被擒。计策成功后与灵感大王结为兄妹。孙悟空搭救师傅失败，请来观音菩萨用竹篮儿收了灵感大王，斑衣鳜婆在观音将竹篮儿抛入河中时，与众水怪鱼精一同死去。

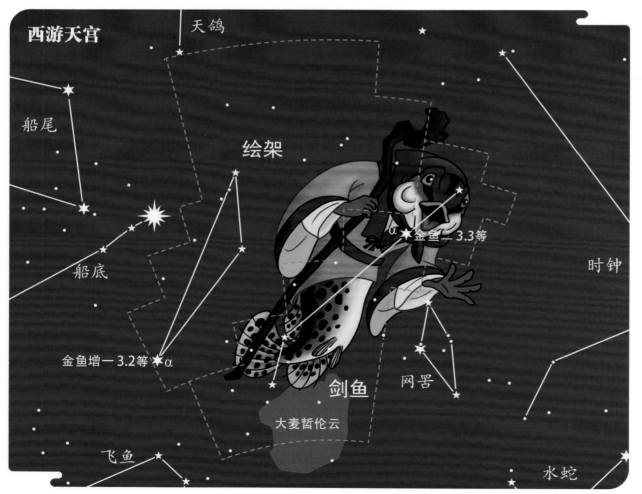

西游天宫

天鸽

船尾

绘架

船底

金鱼一3.3等

时钟

金鱼增一3.2等 α

剑鱼

网罟

大麦哲伦云

飞鱼

水蛇

飞鱼座北面和东面被船底座包围。这种生活在热带海域的鱼，可以跃出海面很高，用翅膀一样的鳍在空中滑翔。星空中飞鱼座似乎正在被紧随其后的剑鱼座追逐和掠食，就如同现实中那样。

山案座位于大麦哲伦云与南天极之间，得名于拉卡伊观测南天恒星的南非开普敦"桌案山"。位于山案座上方的大麦哲伦云，恰如常年笼罩着桌案山的云雾。

船底座和南极座之间是蝘蜓座。蝘蜓就是我们常说的变色龙，通过改变皮肤颜色，融入周围环境，躲避危险或捕食猎物。荷兰探险家可能对马达加斯加岛的变色龙印象深刻，于是有了这个星座。

鲤总兵

东海水族之一，书中第三回，鲤总兵与鲌提督一起抬了一柄画杆方天戟给孙悟空。

灵山

位于西方天竺国，灵山大雷音寺是如来佛祖弘法讲经的道场，唐僧师徒历尽千辛万苦前往灵山拜佛求经。星座世界中唯一的山，匹配《西游记》中最神圣的山。

鼍丞相

龙宫水族之一，鼍即鳄鱼，虽比变色龙大很多，但两者同为爬行动物，外形有几分相似。

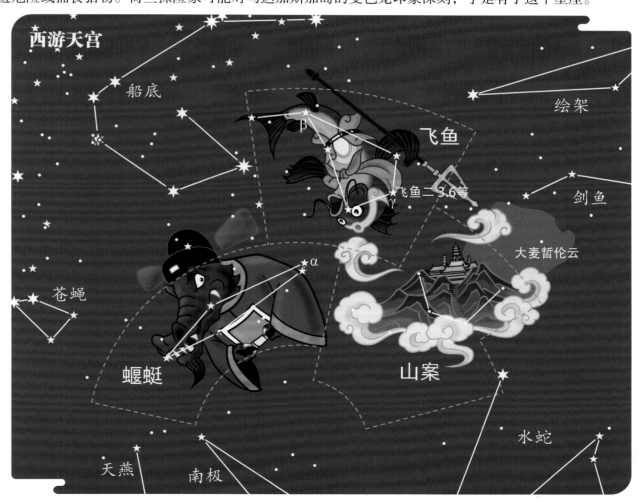

西游天宫

天燕座　南极座

天燕座原形是生活在巴布亚新几内亚的极乐鸟，也称天堂鸟，最初西方人误以为这种鸟没有脚，因此称其为 Apus，这个名字源于希腊语，意思是"无脚"，所以星图中这种鸟也是看不到脚的。Apus 还可以指雨燕，于是有了"天燕座"的译名。

南极座是拉卡伊设立的南天星座之一，其名称 Octans 是指航海用八分仪，因南天极位于此星座，所以中文译为南极座。八分仪是一种测量天体与地平线之间夹角的仪器，航海中可以用来确定船只所处纬度，它是后来普遍使用的航海六分仪的前身。

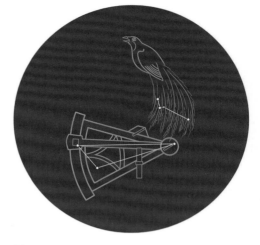

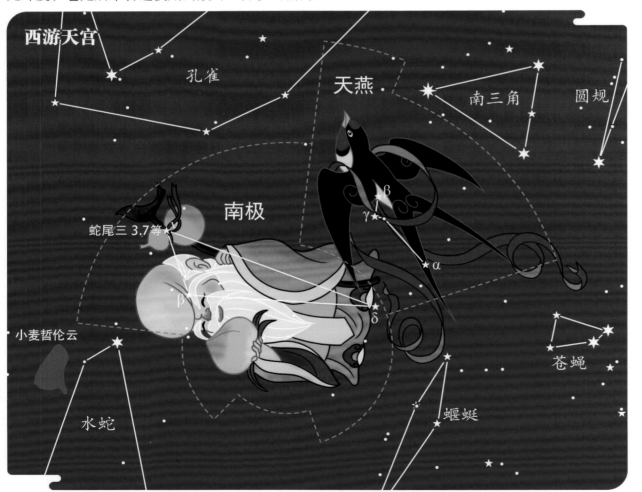

西游天宫

孔雀

天燕

南三角

圆规

南极

蛇尾三 3.7等

β

γ

α

δ

小麦哲伦云

苍蝇

水蛇

蜻蜓

危月燕

二十八宿星神之一，危月燕即为"天燕"，与天燕座译名契合。

南极老寿星

也称南极星君、寿星等，传说中的长寿之神。《西游记》中，孙悟空推倒万寿山五庄观的人参果树后，为求医树良方，到蓬莱岛向福禄寿三星求助，寿星主动提出前往五庄观给大圣求情。书中第七十八、七十九回，有寿星的白鹿与白面狐狸跑到比丘国，让国王用小儿心肝作药引的故事。南极老寿星的形象是南极座汉语译名的最佳诠释。

★ 拉卡伊南天星图法文版，1776年巴黎出版。

冬夜星图

1月星空

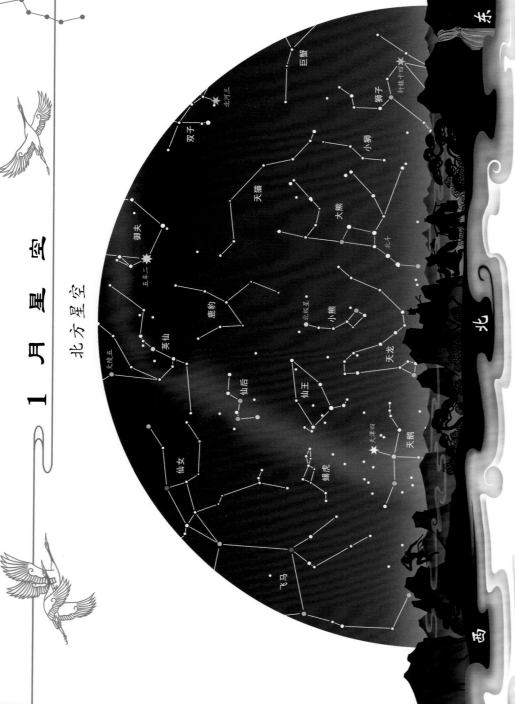

北方星空

南方星空

适宜地区：北纬35°～45°
观测时间：小寒前后21点 大寒前后20点

2 月 星 空

北方星空

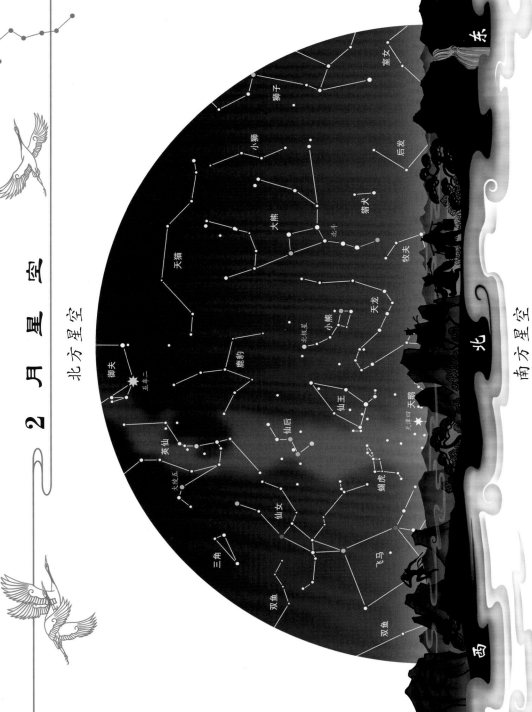

南方星空

适宜地区：北纬35°～45°
观测时间：立春前后21点 雨水前后20点

3 月 星 空

北方星空

东

北

西

南方星空

南

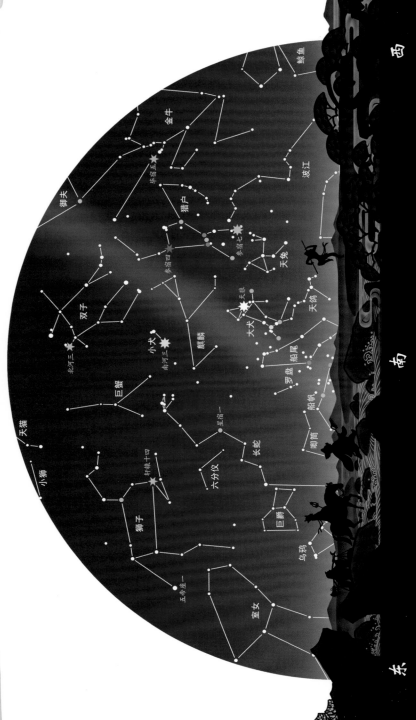

西

东

适宜地区：北纬35°～45°

观测时间：惊蛰前后21点　春分前后20点

0等星　1等星　2等星　3等星　4等星　5等星

4月星空

北方星空

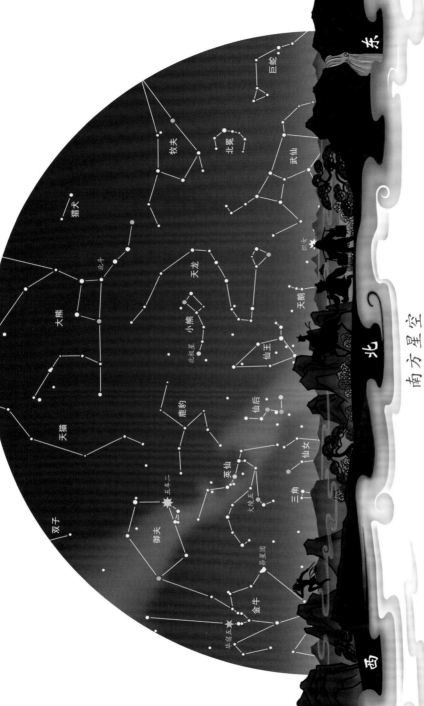

南方星空

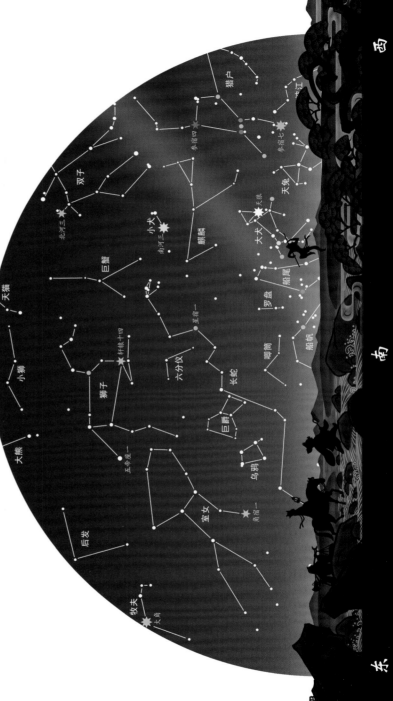

适宜地区：北纬35°～45°
观测时间：清明前后21点　谷雨前后20点

★ ★ ★ ● ● ● ● ·
0等星 1等星 2等星 3等星 4等星 5等星

5 月 星 空

北方星空

北方星空

南方星空

北冕　武仙　蛇夫

天琴　织女

牧夫

大熊　北斗

天龙

小熊　仙王

天鹅　天津四

北极星

猎犬

鹿豹　仙后

仙女　螣蛇

天猫　英仙　大陵五

五车二

御夫　金牛

北河三

双子

猎户　参宿四

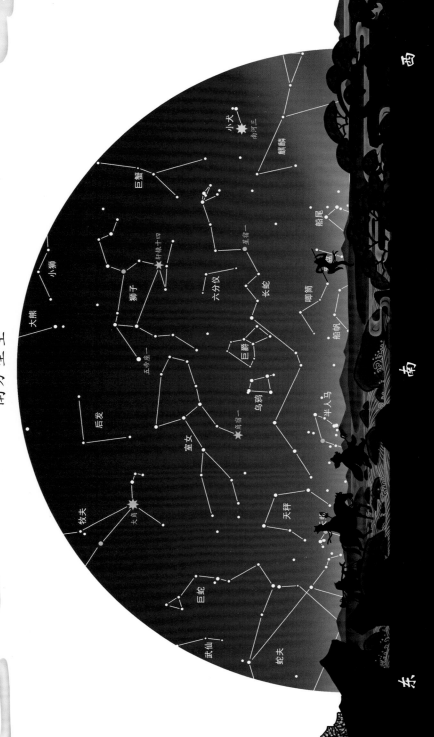

东　西

南

小犬　南河三

麒麟

巨蟹　柏拉图十四

小狮　狮子　轩辕十四

大熊　六分仪　星宿一　长蛇

后发　五帝座一　巨爵　乌鸦

室女　角宿一　唧筒

船帆

牧夫　大角　船尾

巨蛇　天秤　半人马

武仙　蛇夫

北　东　西

南

东

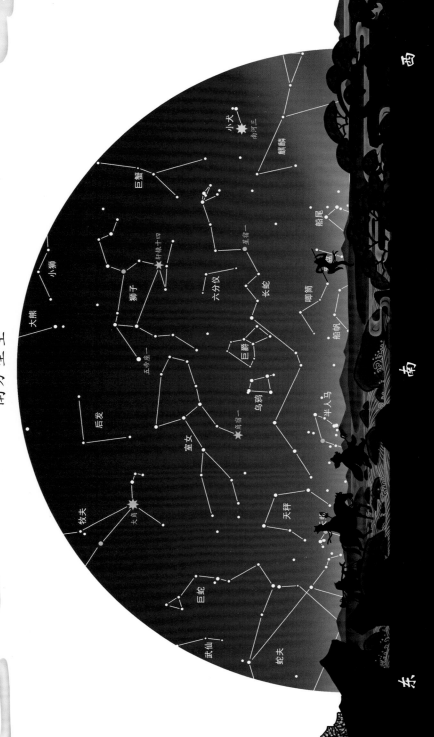

西

0等星　1等星　2等星　3等星　4等星　5等星

适宜地区：北纬35°～45°

观测时间：立夏前后21点　小满前后20点

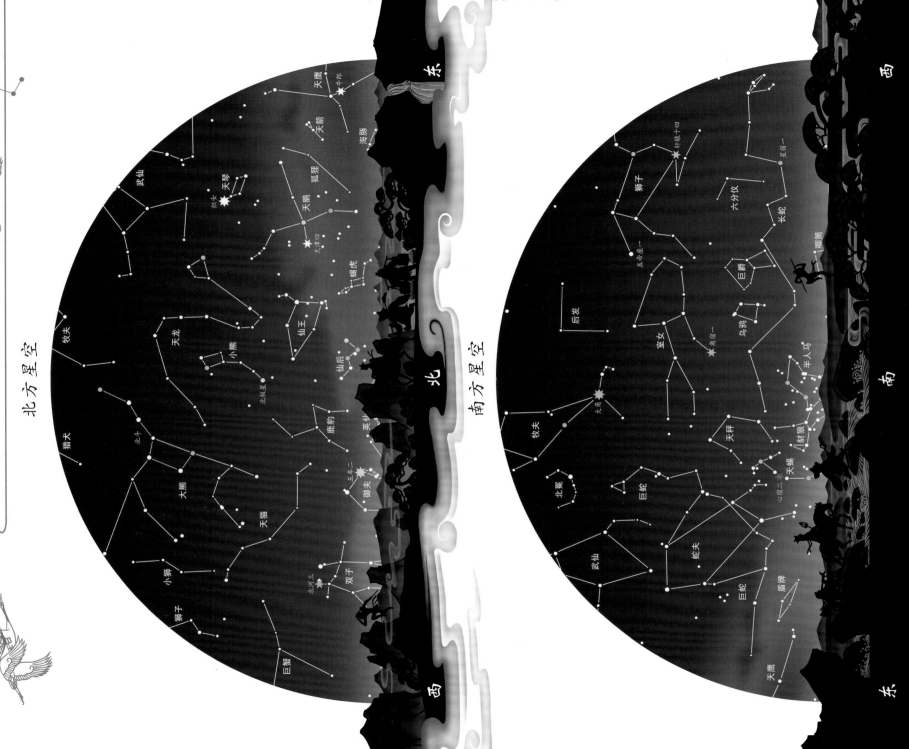

北方星空

南方星空

0等星　　1等星　　2等星　　3等星　　4等星　　5等星

适宜地区：北纬35°～45°
观测时间：芒种前后21点　　夏至前后20点

7 月 星 空

北方星空

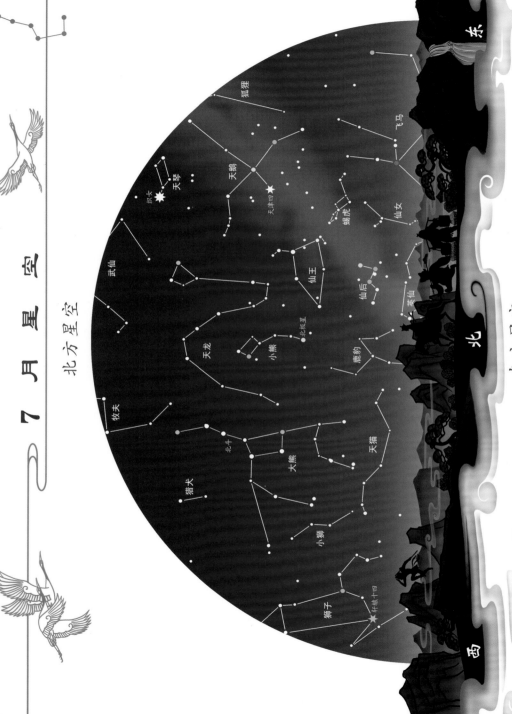

狐狸

织女
天琴

天鹅

天津四

蝎虎

仙女

飞马

武仙

仙王

仙后

英仙

天龙

小熊

北极星

鹿豹

牧夫

北斗

大熊

天猫

猎犬

小狮

狮子

轩辕十四

南方星空

后发

狮子

五帝座一

室女

巨爵

牧夫

角宿一

乌鸦

大角

长蛇

北冕

武仙

公蛇

巨蛇

天秤

豺狼

半人马

蛇夫

天蝎

矩尺

心宿二

巨蛇

盾牌

人马

摩羯

天鹰

牛郎

天箭

海豚

宝瓶

小马

六分仪

适宜地区：北纬35°～45°
观测时间：小暑前后21点，大暑前后20点

东 西 南 北

8月星空

北方星空

北方星空

天鹅　天津四　蝎虎　双鱼　飞马　双鱼　仙女　英仙　仙后　仙王　鹿豹　天龙　小熊　北极星　天猫　大熊　北斗　五帝座一　小狮　猎犬　后发　牧夫　武仙　室女

南方星空

南方星空

北冕　巨蛇　武仙　蛇夫　牧夫　大角　角宿一　室女　长蛇　天秤　天蝎　心宿二　豺狼　射手　巨蛇　盾牌　南冕　入马　人马　摩羯　天琴　织女　天鹰　牛郎　河鼓二　天箭　狐狸　海豚　小马　飞马　宝瓶　双鱼

适宜地区：北纬35°～45°
观测时间：立秋前后21点　处暑前后20点

东　西　北　南　东　西

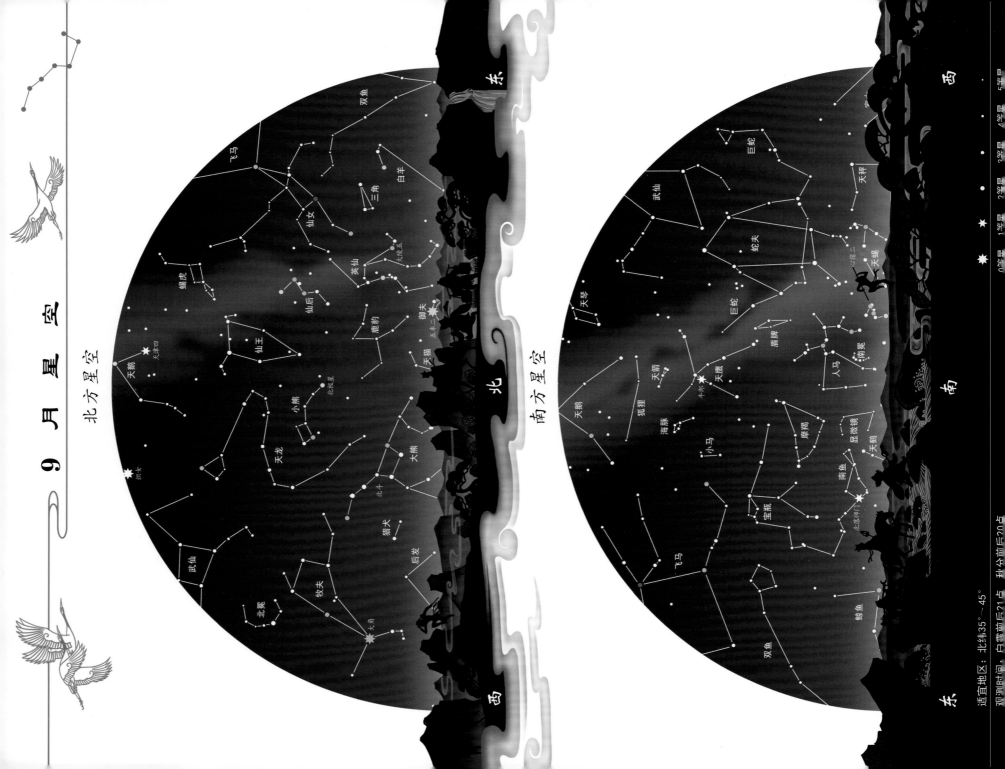

9月星空

北方星空

双鱼
飞马
白羊
三角
仙女
大陵五
英仙
蝎虎
仙后
鹿豹
御夫
五车二
天猫
仙王
天津四
小熊
北极星
天鹅
织女
天龙
北斗
大熊
武仙
猎犬
牧夫
后发
北冕
大角

南方星空

武仙
天琴
蛇夫
巨蛇
巨蛇
天秤
心宿二
天蝎
盾牌
南冕
海豚
天箭
天鹰
牛郎
人马
狐狸
小马
摩羯
南斗
南鱼
显微镜
天鹤
宝瓶
北落师门
飞马
鲸鱼
双鱼

东
西
北
西
东
南

适宜地区：北纬35°～45°

观测时间：白露前后21点　秋分前后20点

0等星　1等星　2等星　3等星　4等星　5等星

10 月 星 空

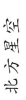

北方星空

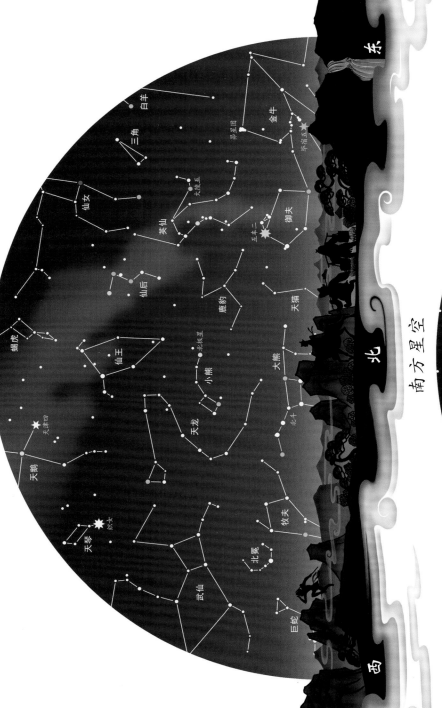

北方星空

南方星空

南方星空

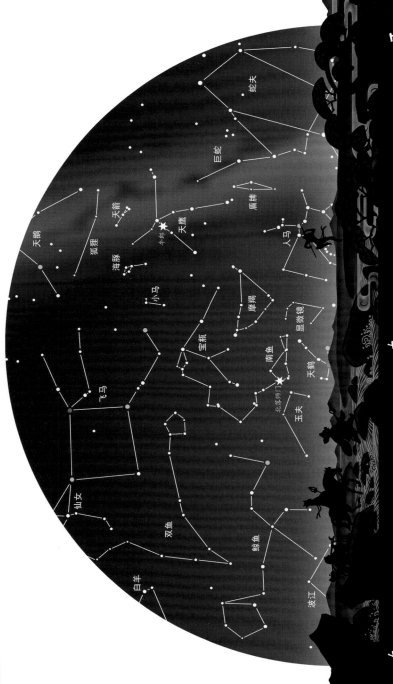

南

东

西

适宜地区：北纬35°～45°
观测时间：霜降前后21点　寒露前后20点　秋分前后20点

11月星空

北方星空

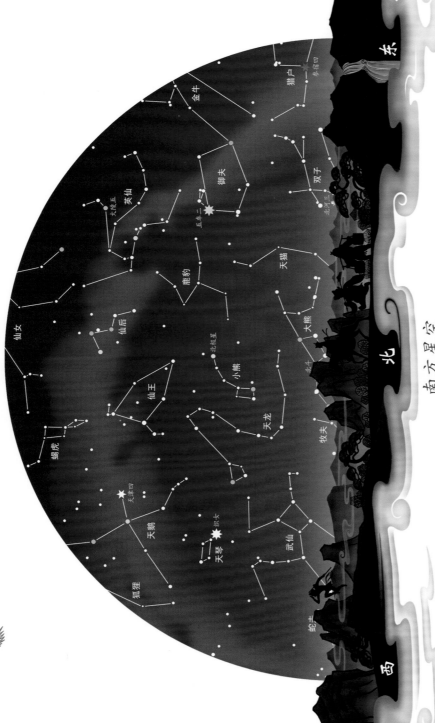

南方星空

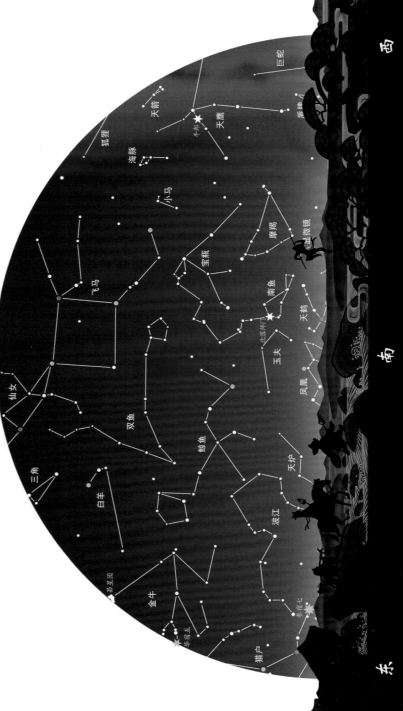

适宜地区：北纬35°~45°
观测时间：立冬前后21点 小雪前后20点

0等星 1等星 2等星 3等星 4等星 5等星

12 月 星 空

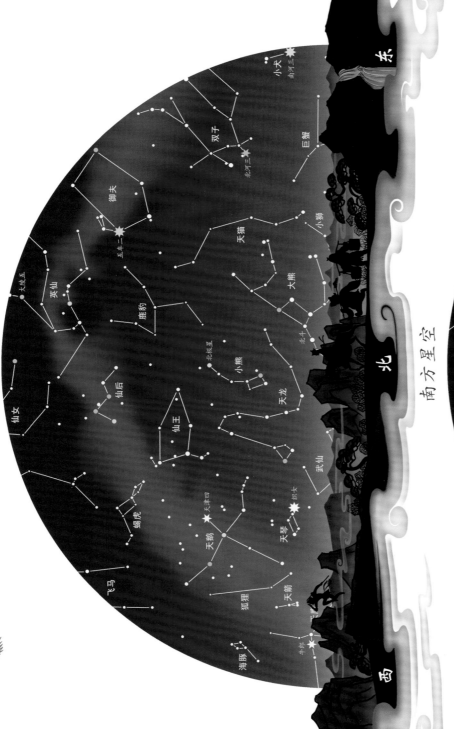

北方星空

南方星空

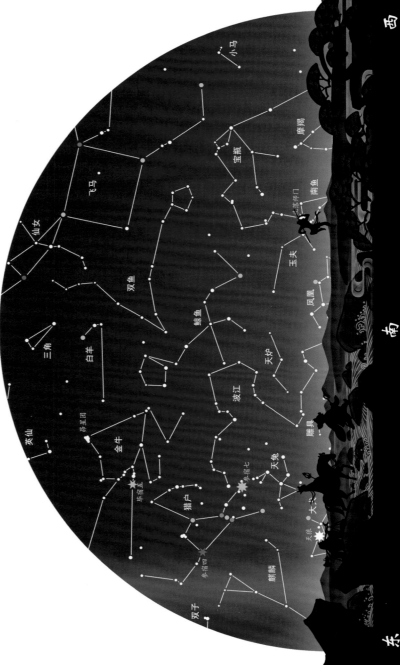

适宜地区：北纬35°～45°
观测时间：小雪前后21点·冬至前后20点

国际通用星座表

序号	中文名	拉丁名	缩写	占天球面积（%）	面积排序
		托勒密星座			
1	小熊座	Ursa Minor	UMi	0.620	56
2	大熊座	Ursa Major	UMa	3.102	3
3	天龙座	Draco	Dra	2.625	8
4	仙王座	Cepheus	Cep	1.425	27
5	牧夫座	Bootes	Boo	2.198	13
6	北冕座	Corona Borealis	CrB	0.433	73
7	武仙座	Hercules	Her	2.970	5
8	天琴座	Lyra	Lyr	0.694	52
9	天鹅座	Cygnus	Cyg	1.949	16
10	仙后座	Cassiopeia	Cas	1.451	25
11	英仙座	Perseus	Per	1.491	24
12	御夫座	Auriga	Aur	1.594	21
13	蛇夫座	Ophiuchus	Oph	2.299	11
14	巨蛇座	Serpens	Ser	1.544	23
15	天箭座	Sagitta	Sge	0.194	86
16	天鹰座	Aquila	Aql	1.582	22
17	海豚座	Delphinus	Del	0.457	69
18	小马座	Equuleus	Equ	0.174	87
19	飞马座	Pegasus	Peg	2.717	7
20	仙女座	Andromeda	And	1.751	19
21	三角座	Triangulum	Tri	0.320	78
22	白羊座	Aries	Ari	1.070	39
23	金牛座	Taurus	Tau	1.933	17
24	双子座	Gemini	Gem	1.245	30
25	巨蟹座	Cancer	Cnc	1.226	31
26	狮子座	Leo	Leo	2.296	12
27	室女座	Virgo	Vir	3.138	2
28	天秤座	Libra	Lib	1.304	29
29	天蝎座	Scorpius	Sco	1.204	33
30	人马座	Sagittarius	sgr	2.103	15
31	摩羯座	Capricornus	Cap	1.003	40
32	宝瓶座	Aquarius	Aqr	2.375	10
33	双鱼座	Pisces	Psc	2.156	14
34	鲸鱼座	Cetus	Cet	2.985	4
35	猎户座	Orion	Ori	1.440	26
36	波江座	Eridanus	Eri	2.758	6
37	天兔座	Lepus	Lep	0.704	51
38	大犬座	Canis Major	CMa	0.921	43
39	小犬座	Canis Minor	CMi	0.444	71
40	长蛇座	Hydra	Hya	3.158	1
41	巨爵座	Crater	Crt	0.685	53
42	乌鸦座	Corvus	Crv	0.446	70
43	半人马座	Centaurus	Cen	2.571	9
44	豺狼座	Lupus	Lup	0.809	46
45	天坛座	Ara	Ara	0.575	63
46	南冕座	Corona Australis	CrA	0.310	80
47	南鱼座	Piscis Austrinus	PsA	0.595	60

国际通用星座表

序号	中文名	拉丁名	缩写	占天球面积（%）	面积排序
普兰修斯及其他人引入的星座					
48	后发座	Coma Berenices	Com	0.937	42
49	南十字座	Crux	Cru	0.166	88
50	天鸽座	Columba	Col	0.655	54
51	鹿豹座	Camelopardalis	Cam	1.835	18
52	麒麟座	Monoceros	Mon	1.167	35
航海十二星座					
53	天燕座	Apus	Aps	0.500	67
54	蝘蜓座	Chamaeleon	Cha	0.319	79
55	剑鱼座	Dorado	Dor	0.434	72
56	天鹤座	Grus	Gru	0.886	45
57	水蛇座	Hydrus	Hyi	0.589	61
58	印第安座	Indus	Ind	0.713	49
59	苍蝇座	Musca	Mus	0.335	77
60	孔雀座	Pavo	Pav	0.915	44
61	凤凰座	Phoenix	Phe	1.138	37
62	南三角座	Triangulum Australe	TrA	0.267	83
63	杜鹃座	Tucana	Tuc	0.714	48
64	飞鱼座	Volans	Vol	0.343	76
赫维留星座					
65	猎犬座	Canes Venatici	CVn	1.128	38
66	蝎虎座	Lacerta	Lac	0.486	68
67	小狮座	Leo Minor	LMi	0.562	64
68	天猫座	Lynx	Lyn	1.322	28

序号	中文名	拉丁名	缩写	占天球面积（%）	面积排序
69	盾牌座	Scutum	Sct	0.264	84
70	六分仪座	Sextans	Sex	0.760	47
71	狐狸座	Vulpecula	Vul	0.650	55
拉卡伊星座					
72	唧筒座	Antlia	Ant	0.579	62
73	雕具座	Caelum	Cae	0.303	81
74	圆规座	Circinus	Cir	0.226	85
75	天炉座	Fornax	For	0.964	41
76	时钟座	Horologium	Hor	0.603	58
77	山案座	Mensa	Men	0.372	75
78	显微镜座	Microscopium	Mic	0.508	66
79	矩尺座	Norma	Nor	0.401	74
80	南极座	Octans	Oct	0.706	50
81	绘架座	Pictor	Pic	0.598	59
82	罗盘座	Pyxis	Pyx	0.535	65
83	网罟座	Reticulum	Ret	0.276	82
84	玉夫座	Sculptor	Scl	1.151	36
85	望远镜座	Telescopium	Tel	0.610	57
86	船底座	Carina	Car	1.198	34
87	船尾座	Puppis	Pup	1.632	20
88	船帆座	Vela	Vel	1.211	32

注：托勒密48星座原本还包含一个南船座，1756年拉卡伊从中抠出一部分恒星设立罗盘座，1763年他又将这个庞大星座的剩余部分拆分为船底座、船尾座、船帆座三个星座。

最亮的 50 颗恒星表

序号	拜尔编号	中国星名	西方星名	星等	距离（光年）	序号	拜尔编号	中国星名	西方星名	星等	距离（光年）
1	大犬座 α	天狼	Sirius	-1.46	8.6	26	猎户座 γ	参宿五	Bellatrix	1.64	242.9
2	船底座 α	老人	Canopus	-0.72	312	27	金牛座 β	五车五	Elnath	1.65	131
3	半人马座 α	南门二	Rigil Kentaurus	-0.29	4.4	28	船底座 β	南船五	Miaplacidus	1.68	111.1
4	牧夫座 α	大角	Arcturus	-0.04	36.7	29	猎户座 ε	参宿二	Alnilam	1.7	1341.6
5	天琴座 α	织女一	Vega	0.03	25.3	30	天鹤座 α	鹤一	Al Nair	1.74	101.4
6	御夫座 α	五车二	Capella	0.08	42.2	31	猎户座 ζ	参宿一	Alnitak	1.74	736.2
7	猎户座 β	参宿七	Rigel	0.12	772.5	32	大熊座 ε	北斗五	Alioth	1.77	80.9
8	小犬座 α	南河三	Procyon	0.34	11.4	33	船帆座 γ	天社一	Regor	1.78	1117
9	猎户座 α	参宿四	Betelgeuse	0.42	600	34	大熊座 α	北斗一	Dubhe	1.79	123.6
10	波江座 α	水委一	Achernar	0.46	144	35	英仙座 α	天船三	Mirfak	1.79	591.7
11	半人马座 β	马腹一	Hadar	0.61	525	36	大犬座 δ	弧矢一	Wezen	1.84	1791.2
12	天鹰座 α	河鼓二	Altair	0.77	16.8	37	人马座 ε	箕宿三	Kaus Australis	1.85	144.6
13	南十字座 α	十字架二	Acrux	0.8	320.6	38	大熊座 η	北斗七	Alkaid	1.86	100.6
14	金牛座 α	毕宿五	Aldebaran	0.85	65	39	船底座 ε	海石一	Avior	1.86	631.8
15	天蝎座 α	心宿二	Antares	0.96	603	40	天蝎座 θ	尾宿五	Sargas	1.87	483.2
16	室女座 α	角宿一	Spica	0.98	262	41	御夫座 β	五车三	Menkalinan	1.9	82.1
17	双子座 β	北河三	Pollux	1.14	34	42	南三角座 α	三角形三	Atria	1.92	415.3
18	南鱼座 α	北落师门	Fomalhaut	1.16	25	43	双子座 γ	井宿三	Alhena	1.93	104.8
19	南十字座 β	十字架三	Mimosa	1.25	350	44	孔雀座 α	孔雀十一	Peacock	1.94	183.1
20	天鹅座 α	天津四	Deneb	1.25	3200	45	船帆座 δ	天社三	Alsephina	1.96	79.7
21	狮子座 α	轩辕十四	Regulus	1.35	77	46	大犬座 β	军市一	Mirzam	1.98	499.2
22	大犬座 ε	弧矢七	Adhara	1.5	430.6	47	长蛇座 α	星宿一	Alphard	1.98	177.2
23	双子座 α	北河二	Castor	1.58	51.5	48	狮子座 γ	轩辕十二	Algieba	1.99	131
24	南十字座 γ	十字架一	Gacrux	1.63	87.9	49	白羊座 α	娄宿三	Hamal	2	65.9
25	天蝎座 λ	尾宿八	Shaula	1.63	571.2	50	小熊座 α	勾陈一	Polaris	2.02	431.2

★：本表星等为目视星等，肉眼无法区分的两颗或多颗恒星组成的系统按其组合星等排序，亮度有变化的恒星取平均亮度，由于不同仪器对星等测量存在一定差异，因此不同来源的数据也略有不同。正文同理。

致谢：

感谢天文科普前辈闵乃世、陈丹两位老师对西游记星图创作的鼓励和提出的宝贵意见；

感谢中国香港托勒密博物馆提供的星图藏品；

感谢国家天文台张超先生、星空摄影师戴建峰先生、星空摄影师张敬宜女士、英国朴茨茅斯大学李天博士提供的精美天文摄影作品。